21世纪应用型高等院校示范性实验教材

化工原理实验

HUAGONGYUANLISHIYAN

主　编　朱平华
副主编　宋长生
编　者　高树刚　张秋荣　许前会
　　　　武宝萍　钱礼华
主　审　徐国想

特配电子资源

微信扫码

- 实物装置图
- 实验演示
- 互动交流

南京大学出版社

图书在版编目(CIP)数据

化工原理实验 / 朱平华主编. -- 南京 : 南京大学出版社, 2018.12

ISBN 978-7-305-21583-4

Ⅰ. ①化… Ⅱ. ①朱… Ⅲ. ①化工原理—实验 Ⅳ. ①TQ02—33

中国版本图书馆 CIP 数据核字(2019)第 013428 号

出版发行 南京大学出版社
社　　址 南京市汉口路 22 号　　　　邮编 210093
出 版 人 金鑫荣

书　　名 化工原理实验
主　　编 朱平华
责任编辑 甄海龙 蔡文彬　　　　编辑热线 025-83592146

照　　排 南京理工大学资产经营有限公司
印　　刷 南京理工大学资产经营有限公司
开　　本 787×1092 1/16 印张 11 字数 261 千
版　　次 2018 年 12 月第 1 版 2018 年 12 月第 1 次印刷
ISBN 978-7-305-21583-4
定　　价 28.00 元

网　　址:http://www.njupco.com
官方微博:http://weibo.com/njupco
官方微信号:njupress
销售咨询热线:(025)83594756

内容提要

化工原理教学既要让学生掌握典型单元操作的基本原理，又要使学生掌握工程问题的处理方法，而后者则主要依赖于实验等教学环节完成。实验是培养高水平工程人才的最为直接和有效的途径，在培养学生动手能力和运用知识能力方面有独特的作用，是课堂教学无法替代的。

本书力求反映化工原理实验教学改革的最新成果，选择了有代表性的单元操作进行实验研究，内容主要包括实验基础知识、实验数据处理、测量技术、基础实验、演示实验、综合设计性实验等几部分。

本书在多年教学基础上修订而成。对书中的文字部分进行了精心修改，使之更符合学生的自学、理解，提高实验教学效果；增加了化工原理计算机仿真实验部分，内容包括流体阻力测定、离心泵性能曲线测定、流量计校核、传热膜系数测定、精馏实验、吸收实验、干燥实验等单元操作。

本书按照素质教育的要求，以培养面向21世纪具有一定创新能力的人才为目标。以实验设计方法、设计思路、实验手段的合理运用等内容为主，较好地处理了基本技能与知识运用之间的关系，可以充分发挥学生的主观能动性。

本书结构新颖，内容编排合理，一方面加强了对基本知识和技能的训练，同时注重了运用知识能力、独立思考与解决工程问题能力、创新能力等的培养。本书可作为高等院校化工与相关专业的实验教材，也可供化工及相关行业技术人员参考。

序

进入新世纪，随着社会经济的发展，各行各业对人才的需求呈现出多元化的特点，对应用型人才的需求也显得十分迫切，因此我国高等教育的建设面临着重大的改革。就目前形势看，大多数的理、工科大学，高等职业技术学院，部分本科院校办的二级学院以及近年来部分由专科升格为本科层次的院校，都把办学层次定位在培养应用型人才这个平台上，甚至部分定位在研究型的知名大学，也转为培养应用型人才。

应用型人才是能将理论和实践结合得很好的人才，为此培养应用型人才需理论教学与实践教学并行，尤其要重视实践教学。

针对这一现状及需求，教育部启动了国家级实验教学示范中心的评审，江苏省教育厅高教处下达了《关于启动江苏省高等学校基础课实验教学示范中心建设工作的通知》，形成国家级、省级实验教学示范体系，意在促进优质实验教学资源的整合、优化、共享，着力提高大学生的学习能力、实践能力和创新能力。基础课教学实验室是高等学校重要的实践教学场所，开展高等学校实验教学示范中心建设，是进一步加强教学资源建设，深化实验教学改革，提高教学质量的重要举措。

我们很高兴地看到很多相关高等院校已经行动起来，除了对实验中心的硬件设施进行了调整、添置外，对近几年使用的实验教材也进行了修改和补充，并不断改革创新，使其有利于学生创新能力的培养和自主训练。其内容涵盖基本实验、综合设计实验、研究创新实验，同时注重传统实验与现代实验的结合，与科研、工程和社会应用实践密切联系。实验教材的出版是创建实验教学示范中心的重要成果之一。为此南京大学出版社在为“示范中心”出版实验教材方面予以全面配合，并启动“21世纪应用型高等院校示范性实验教材”项目。该系列教材旨在整合、优化实验教学资源，帮助示范中心实现其示范作用，并希望能够为更多的实验中心参考、使用。

教学改革是一个长期的探索过程，该系列实验教材作为一个阶段性成果，提供给同行们评议和作为进一步改革的新起点。希望国内广大的教师和同学能够给予批评指正。

孙尔康

2006年3月

前言

化工原理属工程学科，作为化工类及其相近专业必修的一门专业技术基础课，它综合运用了数学、物理、工程学等知识，将复杂的化工生产流程分解为若干个简单的单元操作来分析和研究。过去，化工单元操作的应用仅局限于少数工业，如化学工业、石油化工等。目前，它已得到非常广泛的应用，如核工业、空间技术、生物化工等。同时，化工原理是基础理论通向专业技能的重要媒介，是科学技术转化为生产力的重要环节。因此，它在化工类专业教学中的地位日益变得重要。

化工原理是一门工程课程，这门课程的主要目的就是教会学生利用数学、物理学等学科的知识解决化工等过程中的工程问题。科学的目的是认识世界，工程的目的则是改造世界，去创造世界上本来不存在的东西，为人类服务。这就要求通过本门课程的学习，培养学生的独立思考和解决实际问题的能力、动手能力和创新能力。从以往的教学经验看，首先要让学生从思想上认识到实践环节教学的重要性，只有思想上重视了，才能避免眼高手低、高分低能等不良现象，收到较好的学习效果。实验宜根据教学进度合理安排，在相应的教学章节结束后安排相应的实验，比集中安排的效果要好，但由于学生班级太多和实验设备的限制，安排难度将会较大。对柏努利方程和流态显示等演示性实验一般不予开出，而应重点开出开发性实验，比如选一些新颖和前沿性的工程课题，可以充分激发学生的主观能动性，充分调动学生的积极性；同时，应加强实验环节的考核，提高考核的科学性和合理性，才能给学生施加合理的压力，使学生变被动学习为主动参与。

化工原理教学既要让学生掌握典型单元操作的基本原理，又要使学生掌握工程问题的处理方法。而后者则主要依赖于实验等教学环节完成。实验是培养高水平工程人才的最为直接和有效的途径，在培养学生动手能力和运用知识能力方面有独特的作用，是课堂教学无法替代的。要做好这一环节，我们的思路是：

1. 做好实验室建设规划

实验室是高校实践环节的主要基地，其水平高低直接影响所培养的人才质量，因此，我们十分重视实验室的建设。在充分调研的基础上，我们编制了实验室建设三年规划，理清了我们对实验室未来几年的发展思路和奋斗目标，力争在近几年内把化工原理实验室建成省内先进的工程中心。

2. 改进常规实验教学模式

采用多种模式，充分利用目前先进的实验教学手段，提高实验效果。第一步，教师重点讲授实验的开出目的、实验原理和数据处理方法等；第二步，学生参观实验室；第三步，学生撰写预习报告；第四步，学生在我们购置的东方仿真化工原理模拟实验系统上进行模拟实验；第五步，学生进入实验室做实验；第六步，学生撰写实验报告。通过以上方式，可以大大提高学生做实验的积极性。

3. 加大综合性实验的开出力度

除了柏努利方程等演示实验外，化工原理实验主要有流体流动阻力测定、离心泵特性曲线测定、恒压过滤常数测定、对流传热系数测定、精馏实验、填料塔压降测定、吸收实验、干燥速率曲线测定等验证性实验。这些实验的设计较为简单，和工程实际差异较大，学生主动思考的空间较小，不利于学生分析和解决问题能力的培养。针对这一现象，我们做了以下的改进：一是及时更新和改造实验设备，同时购置先进的测试设备，确保实验条件的先进性；二是增设一些综合性实验，例如其中一台实验装置可以同时进行流量计的标定、流动阻力测定和离心泵特性曲线的测定，这样既增强学生综合能力的培养，又提高了实验设备的利用率；三是力争开出一到两个创新性实验，由学生动手设计实验方案，培养学生的创新能力。

4. 做好实验室开放工作

除了保证正常的实验教学时间，其余时间实验室对全系教师和学生开放，同时还面向社会开放。教师和学生只要提出申请，就可以进入实验室自主进行实验，同时系里还出台了相应的政策，鼓励教师和学生开展科研活动，不但不收取任何费用，还根据情况进行相应的科研经费补贴。这些做法可以较好地调动教师和学生进行实验改革和科学研究的积极性，加强了学校和企业的联系，提高了实验室的利用率和社会影响力，保证了实验室的持续健康发展。

通过实验，可以达到以下目的：验证化工单元操作的基本知识与理论，使学生在知识的运用过程中加深对课程教学内容的理解；熟悉化工单元操作设备的基本原理、结构、性能及测定方法，培养学生的基本实验技能；学会实验设计、仪器设备操作、数据采集与处理，培养独立的科学实验能力，为今后从事科学研究活动打下良好的基础。

为此，根据化工原理课程教学基本要求的规定，编写了本实验教材。由于各院校、专业教学要求有所不同，实验内容也有所侧重，可以根据具体情况有所删减。

本实验教程由朱平华、宋长生、许前会、张秋荣、武宝萍、高树刚、钱礼华等编写，徐国想教授在本书修订过程中给予了多方面的指导，并且对全书进行了通审，提出了多项修改意见；另外，在编写过程中参阅了兄弟院校的书籍、杂志、讲义等大量资料，由于篇幅所限，未能一一列举，谨此说明，在此一并表示衷心的感谢。由于时间仓促，作者水平有限，缺点错误在所难免，恳请广大读者批评指正。

2017.12

目录

第一章　化工原理实验基础知识

1.1　化工原理实验守则

1. 遵守纪律，不迟到不早退，在实验室内保持安静，不大声喧哗，遵守实验室的一切规章制度，听从教师安排与指导。实验室不准会客。

2. 实验前认真充分预习实验相关内容，做好预习报告，经教师提问通过后，方可准予参加实验。实验时要仔细观察，如实并及时记录实验现象及有关数据，实验后做好实验报告。

3. 实验时要严格遵守仪器、设备、电路的操作规程不得擅自变更，正确地组装仪器，操作前须经教师检查同意后方可接通电路和开车，仪器设备发生故障严禁擅自处理，应立即报告教师，确保人身安全，保护实验室财产安全。

4. 爱护仪器设备，如有损坏应及时报告指导教师，说明情况，办理报损或赔偿。

5. 按规定数量取用试剂，水、电、气要节约使用，不得浪费。

6. 保持环境整洁，废物、废液不得乱丢，应放到指定位置。

7. 实验室里的仪器、试剂不得私自带出实验室。

8. 实验完毕记录数据须经教师审查签字，做好清洁工作，恢复仪器设备原状，关好门窗，检查水、电、气源是否关好后，方可离开实验室。

1.2　化工原理实验内容和要求

一、化工原理实验内容

1. 实验教学设计思想

(1) 验证化工原理基本理论，并在运用理论对实验进行分析的过程中，使学生在理论知识方面得到进一步的理解和巩固。

(2) 通过实验操作，让学生掌握一定的实验研究方法和技巧，并培养学生实事求是的科学态度。

(3) 通过对实验现象的观察、分析和讨论,来培养和加强学生独立思考问题的能力。促进理论课的学习,培养学生的动手能力和思考分析能力。

2. 实验教学目的

化工原理实验教学的目的主要有以下几点:

(1) 巩固和深化理论知识。

(2) 培养理论联系实际应用。

(3) 培养从事科学实验的能力。

具体包括:① 为了完成一定的课题,设计实验方案的能力;② 进行实验,观察和分析实验现象的能力,解决实验问题的能力;③ 正确选择和使用测量仪表和控制方法的能力;④ 利用实验的原始数据进行数据处理、获得科学结果的能力;⑤ 书写技术报告的能力等。

(4) 提高自身素质水平,培养思维方法的科学性、科学态度的严谨性。

3. 组织形式与教师指导方法

(1) 每个实验学生预习 2 小时。老师介绍实验目的、原理、流程、操作步骤、数据处理等,演示实验的全过程,然后学生自己动手预习实验;

(2) 使用“化工原实验多媒体教学课件”对化工原实验进行预习;

(3) 做实验包括数据处理 4 小时;

(4) 写实验报告。

4. 化工原理实验内容

化学、制药、环保、生化、食品等工业过程中具有共同物理变化特点的基本操作称为“单元操作”。常用单元操作如表 1-1 所示。

表 1-1 化工、环工常用单元操作

单元操作	目的	物态	原理	传递过程
液体输送	输送	液或气	输入机械能	动量传递
搅拌	混合或分散	气—液;液—液;固—液	输入机械能	动量传递
过滤	非均相混合物分离	液—固;气—固	尺度不同的截留	动量传递
膜分离	非均相混合物分离	液—固;气—固	尺度不同的截留	动量传递
沉降	非均相混合物分离	液—固;气—固	密度差异引起的沉降运动	动量传递
加热、冷却	升温,降温,改变相态	气或液	利用温度差而传入或移出热量	热量传递
蒸发	溶剂与不挥发性溶质分离	液	供热以汽化溶剂	热量传递
气体吸收	均相混合物分离	气	各组分在溶剂中溶解度的不同	物质传递
萃取	均相混合物分离	液	各组分在溶剂中溶解度的不同	物质传递
液体精馏	均相混合物分离	液	各组分间挥发度的不同	物质传递
干燥	去湿	固	供热汽化	热、质同时传递
吸附	均相混合物分离	液或气	各组分在吸附剂中的吸附能力不同	物质传递

化工原理实验就是围绕单元操作进行训练、验证、设计、综合研究规律的过程，实验内容包含所有单元操作。

5. 化工原理实验考核

化工原理实验成绩实行结构成绩制，分为三部分：

(1) 预习情况、仿真实验、现场提问、实验操作共占30%。

(2) 实验报告质量占40%。

(3) 操作考试成绩占30%。

二、化工原理实验的基本要求

1. 实验前的预习工作

(1) 阅读实验指导书，弄清本实验的目的和要求。

(2) 根据本次实验的具体任务，研究实验的理论根据和实验的具体做法，分析哪些参数需要直接测量得到，哪些参数不需要直接测量，而能够间接获得，并且要估计实验数据的变化规律。

(3) 到实验室现场了解摸索实验流程，观看主要设备的构造、测量仪表的种类和安装位置，了解它们的测量原理和使用方法，最后全面审查整个实验流程的布置是否合理，审查主要设备的结构和安装是否合适，测量仪表的量程、精度是否合适以及其所装位置是否合理。

(4) 根据实验任务和现场勘查，最后设定实验方案，确定实验操作程序。

2. 实验小组的分工和合作

化工原理实验一般都是由两人为一小组(板框压滤机操作需3～4人一组)合作进行的，因此实验开始前必须作好组织工作，做到既分工，又合作；既能保证质量，又能获得全面训练。每个实验小组要有一个组长负责执行实验方案、联络和指挥，与组员讨论实验方案，使得每个组员各司其职(包括操作、读取数据、记录数据及现象观察等)，而且要在适当的时候轮换工作。

3. 实验必须测取的数据

凡是影响实验结果或是数据整理过程中所必需的数据都必须测取。它包括大气条件、设备有关尺寸、物料性质及操作数据等，但并不是所有数据都要直接测取。凡可以根据某一数据导出或从手册中查出的数据，就不必直接测定。例如水的密度、粘度、比热等物理性质，一般只要测出水温后即可查出，因而不是直接测定这些物理参数，而是测定水的温度。

4. 实验数据的读取及记录

(1) 实验开始前拟好记录表格，在表格中应记下各种物理量的名称、表示符号及单位。每位实验者都应有专用实验记录本，不应随便拿一张纸或用实验讲义空白处来记录，要保证数据完整，条理清楚，避免记录错误。

(2) 实验时一定要等现象稳定后再开始读取数据，条件改变，要稍等一会儿再读取数据，这是因为条件的改变破坏了原来的稳定状态，重新建立稳态需要一定时间（有的实验甚至花很长时间才能达到稳定），而仪表通常又有滞后现象。

(3) 每个数据记录后，应该立即复核，以免发生读错或记错数字等错误。

(4) 数据的记录必须反映仪表的精确度。一般要记录到仪表上最小分度以后位数。例如温度计的最小分度为1℃，如果当时的温度读数为20.5℃，则不能记为20℃；如果刚好是20℃，那应该记录为20.0℃。

(5) 记录数据要以实验当时的实验读数为准。

(6) 实验中如果出现不正常情况，以及数据有明显误差时，应在备注栏中加以说明。

5. 实验过程的注意点

有的实验者在做实验时，只读取数据，其他一概不管，这是不对的。实验过程中除了读取数据外，还应该做好下列诸事：

(1) 操作者必须密切注意仪表指示值的变动，随时调节，务使整个操作过程都在规定条件下进行，尽量减少实验操作条件与规定操作条件之间的差距。操作人员要坚守岗位，不得擅离职守。

(2) 读取数据后，应立即和前次数据相比较，也要和其他有关数据相对照，分析相互关系是否合理，数据变化趋势是否合理。如果发现不合理的情况，应该立即共同研究可能存在的原因，以便及时发现问题、解决问题。

(3) 实验过程中还应注意观察过程现象，特别是发现某些不正常现象时更应抓住时机，研究产生不正常现象的原因，排除障碍。

6. 实验数据的整理

(1) 数据整理时应根据有效数字的运算规则，舍弃一些没有意义的数字。一个数字的精确度是由测量仪表本身的精确度所决定的，绝不因为计算时位数增加而提高。但是任意减少位数也是不允许的，因为这样做就降低了应有的精确度。

(2) 数据整理时，如果过程比较复杂，实验数据又多，一般采用列表整理为宜，同时应将同一项目一次整理。这种整理方法既简洁明了，又节省时间。

(3) 计算示例。在(2)所列表的下面要给出计算示例，即任取一列数据进行详细的计算，以便检查。

7. 实验报告的编写

一份优秀的实验报告必须写得简洁明了，数据完整，交代清楚，结论正确，有讨论，有分析，得出的公式或曲线、图形有明确的使用条件。报告的内容一般包括：

(1) 报告的题目；

(2) 写报告人及同实验小组人员的姓名；

(3) 实验的目的；

(4) 实验的理论依据；

(5) 实验设备说明（应包括流程示意图和主要设备、仪表的类型及规格）；

(6) 实验数据，应包括与实验结果有关的全部数据，报告中的实验数据不是指原始数据，而是经过加工后用于计算的全部数据，至于原始记录则可作为附录附于报告后面；

(7) 数据整理及计算示例，其中引用的数据要说明来源，简化公式要写出导出过程，要列出一列数据的计算过程，作为计算示例；

(8) 实验结果，根据实验任务，明确提出本次实验的结论，用图示法、经验公式或列表法均可，但都必须注明实验条件；

(9) 分析讨论，要对本次实验结果做出评价，分析误差大小及原因，对实验中发现的问题应作讨论，对实验方法、实验设备有何建议也可写入此栏。

1.3　化工实验操作基本知识

化工实验与一般化学实验相比，有共同点，也有其本身的特殊性。为了安全成功地完成实验，除了每个实验的特殊要求外，在这里提出一些化工实验中必须遵守的注意事项和一些必须具备的安全知识。

一、化工实验注意事项

1. 设备启动前必须检查

(1) 泵、风机、压缩机、电机等转动设备，用手使其运转，从感觉及声响上判别有无异常；检查润滑油位是否正常。

(2) 设备上各阀门的开、关状态。

(3) 接入设备的仪表开、关状态。

(4) 拥有的安全措施，如防护罩、绝缘垫、隔热层等。

2. 仪器仪表使用前必须做到

(1) 熟悉原理与结构。

(2) 掌握连接方法与操作步骤。

(3) 分清量程范围，掌握正确的读数方法。

(4) 接入电路前必须经教师检查。

3. 操作过程中应做到

注意分工配合，严守自己的岗位，精心操作。关心和注意实验的进行，随时观察仪表指示值的变动，保证操作过程在稳定条件下进行。产生不合规律现象时要及时观察研究，分析原因，不要轻易放过。

4. 异常情况处理

操作过程中设备及仪表发生问题应立即按停车步骤停车，报告指导教师。同时应自己分析原因供教师参考。未经教师同意不得自行处理。在教师处理问题时，学生应了解其过程，这是学习分析问题与处理问题的好机会。

5. 实验结束应做到

实验结束时应先将有关的热源、水源、气源、仪表的阀门或电源关闭，然后再切断电机电源。

6. 提高实验安全防范意识

化工实验要特别注意安全。实验前要搞清楚总水闸、电闸、气源阀门的位置和灭火器材的安放地点。

二、化工实验安全知识

为了确保设备和人身安全，从事化工原理实验的人员必须具备以下安全知识。

(一) 危险药品分类

实验室常用的危险品必须合理地分类存放。易燃物品不能与氧化剂放在一起，以免发生着火燃烧的危险。对不同的危险药品，在为扑救火灾选择灭火剂时，必须针对药品进行选用，否则不仅不能取得预期效果，反而会引发其他的危险。例如，着火处有金属钾、钠存放，不能用水进行灭火，因为水与金属钾、钠等剧烈反应，会发生爆炸，十分危险；轻质油类着火时，不能用水灭火，否则会使火灾蔓延；若着火处有氰化钾，则不能使用泡沫灭火剂，因为灭火剂中的酸与氰化钾反应生成剧毒的氰化氢。因此，了解危险品性质与分类十分必要。危险药品大致分为下列几种类型：

1. 爆炸品

本类化学品指在外界作用下(如受热、受压、撞击等)，能发生剧烈的化学反应，瞬时产生大量的气体和热量，使周围压力急骤上升，发生爆炸，对周围环境造成破坏的物品，也包括无整体爆炸危险，但具有燃烧、抛射及较小爆炸危险的物品。

常见的爆炸性物品有硝酸铵(硝铵炸药的主要成分)、雷酸盐、重氮盐、三硝基甲苯(TNT)和其他含有三个硝基以上的有机化合物等。这类化合物对热和机械作用(研磨、撞击等)很敏感，爆炸威力都很强，特别是干燥的爆炸物爆炸时威力更强。

2. 压缩气体和液化气体

本类化学品系指压缩、液化或加压溶解的气体，并应符合下述两种情况之一者：

(1) 临界温度低于 50℃，或在 50℃时，其蒸气压力大于 294 kPa 的压缩或液化气体。

(2) 温度在 21.1℃时，气体的绝对压力大于 275 kPa，或在 54.4℃时，气体的绝对压力大于 715 kPa 的压缩气体；或在 37.8℃时，雷德蒸气压力大于 275 kPa 的液化气体或加压溶解的气体。

该类物品有三种：① 可燃性气体(氢、乙炔、甲烷、煤气等)；② 助燃性气体(氧、氯等)；③ 不燃性气体(氮、二氧化碳等)。该类物品的使用和操作有一定要求，有关内容在安全使用压缩气体一节中专门介绍。

3. 易燃液体

本类化学品系指易燃的液体、液体混合物或含有固体物质的液体，但不包括由于其危险特性已列入其他类别的液体。其闭杯试验闪点等于或低于 61℃。

易燃液体在有机化工实验室内大量接触，容易挥发和燃烧，达到一定浓度遇明火即着火。若在密封容器内着火，甚至会造成容器超压破裂而爆炸。易燃液体的蒸汽一般比空气重，当它们在空气中挥发时，常常在低处或地面上漂浮。因此，可能在距离存放这种液体的地面相当远的地方着火，着火后容易蔓延并回传，引燃容器中的液体。所以使用这种物品时必须严禁明火、远离电热设备和其他热源，更不能同其他危险品放在一起，以免引起更大危害。

4. 易燃固体、自燃物品和遇湿易燃物品

易燃固体系指燃点低，对热、撞击、摩擦敏感，易被外部火源点燃，燃烧迅速，并可能散发出有毒烟雾或有毒气体的固体，但不包括已列入爆炸品的物品。自燃物品系指自燃点低，在空气中易发生氧化反应，放出热量而自行燃烧的物品。遇湿易燃物品系指遇水或受潮时，发生剧烈化学反应，放出大量的易燃气体和热量的物品。有的不需明火，即能燃烧或爆炸。

松香、石蜡、硫、镁粉、铝粉等都属于易燃固体。它们不自燃，但易燃，燃烧速度一般较快。这类固体若以粉尘悬浮物分散在空气中，达到一定浓度时，遇有明火就可能发生爆炸。带油污的废纸、废橡胶、硝化纤维、黄磷等，都属于自燃性物品。它们在空气中能因逐渐氧化而自燃，如果热量不能及时散失，温度会逐渐升高到该物品的燃点，发生燃烧。因此，对这类自燃性废弃物，不要在实验室内堆放，应当及时清除，以防意外。钾、钠、钙等轻金属遇水时能产生氢和大量的热，以至发生爆炸。电石遇水能产生乙炔和大量的热，即使冷却有时也能着火，甚至会引起爆炸。

5. 氧化剂和有机过氧化物

氧化剂系指处于高氧化态，具有强氧化性，易分解并放出氧和热量的物质。包括含有过氧基的无机物，其本身不一定可燃，但能导致可燃物的燃烧，与松软的粉末状可燃物能组成爆炸性混合物，对热、震动或摩擦较敏感。有机过氧化物系指分子组成中含有过氧基的有机物，其本身易燃易爆，极易分解，对热、震动或摩擦极为敏感。

氧化剂包括高氯酸盐、氯酸盐、次氯酸盐、过氧化物、过硫酸盐、高锰酸盐、铬酸盐及重铬酸盐、硝酸盐、溴酸盐、碘酸盐、亚硝酸盐等。它本身一般不能燃烧，但在受热、受阳光直晒或与其他药品(酸、水等)作用时，能产生氧，起助燃作用并造成猛烈燃烧。如过氧化钠与水作用，反应剧烈并能引起猛烈燃烧。强氧化剂与还原剂或有机药品混合后，能因受热、摩擦、撞击发上爆炸。如氯酸钾与硫混合可因撞击而爆炸；过氯酸镁是很好的干燥剂，若被干燥的气流中存在烃类蒸汽时，其吸附烃类后就有爆炸危险。有机过氧化物包括过氧乙酸、过氧化甲乙酮等，都具有比较强的氧化性，容易燃烧和爆炸。通常，人们对氧化剂和有机过氧化物的危险性认识不足，这常常是发生事故的原因之一，必须予以足够的重视。

6. 有毒品

本类化学品系指进入肌体后，累积达一定的量，能与体液和器官组织发生生物化学作用或生物物理学作用，扰乱或破坏肌体的正常生理功能，引起某些器官和系统暂时性或持久性的病理改变，甚至危及生命的物品。经口摄取半数致死量：固体 $LD_{50} \leqslant 500$ mg/kg；液体 $LD_{50} \leqslant 2\,000$ mg/kg；经皮肤接触 24 h，半数致死量 $LD_{50} \leqslant 1\,000$ mg/kg；粉尘、烟雾及蒸气吸入半数致死量 $LC_{50} \leqslant 10$ mg/L 的固体或液体。

中毒途径有误服、吸入呼吸道或皮肤被沾染等。其中有的蒸汽有毒，如汞；有的固体或液体有毒,如钡盐、农药。根据毒品对人身的危害程度分为剧毒、致癌、高毒、中毒、低毒等类别。使用这类物质应十分小心,以防止中毒。实验室所用毒品应有专人管理,建立购买、保存与使用档案。剧毒品的使用与管理,还必须符合国家规定的五双条件,即:两人管理,两人收发,两人运输,两把锁,两人使用。

7. 放射性物品

本类化学品系指放射性比活度大于 7.4×10^4 Bq/kg 的物品。

这类物品有硝酸钍、夜光粉等。放射性物品的储存、使用场所必须设置防护设施。其入口处必须设置放射性标志和必要的防护安全连锁、报警装置或者工作信号。放射性物品不得与易燃、易爆、腐蚀性的物品放在一起,其储存场所必须有防火、防盗、防泄露的安全防护措施,并指定专人保管。储存、领取、使用、归还放射性物品时必须先登记、检查,做到账物相符。

8. 腐蚀品

本类化学品系指能灼伤人体组织并对金属等物品造成损坏的固体或液体。与皮肤接触在 4 h 内出现可见坏死现象,或温度在 55℃时,对 20 号钢的表面均匀年腐蚀率超过 6.25 mm/年的固体或液体。

这类物品有强酸、强碱,如硫酸、盐酸、硝酸、氢氟酸、苯酚、氢氧化钾、氢氧化钠等。它们对皮肤和衣物都有腐蚀作用,特别是在浓度和温度都较高的情况下,作用更甚。使用中防止与人体(特别是眼睛)和衣物直接接触。灭火时也要考虑是否有这类物质存在,以便采取适当措施。

9. 麻醉药品

麻醉药品是指由国际禁毒公约和我国法律法规所规定管制的,连续使用易产生身体和精神依赖性,能形成瘾癖的药品。麻醉药品包括:阿片类、可卡因类、大麻类、合成麻醉药类及卫生部指定的其他易成瘤痹的药品、药用原植物及其制剂。麻醉药品的供应必须根据医疗、教学和科研的需要,有计划地进行。其保管工作必须指定专人保管。储存、领取、使用、归还麻醉药品时必须先登记、检查,做到账物相符。

10. 易制毒化学品

易制毒化学品是指用于非法生产、制造或合成毒品的原料、配剂等化学物品,包括用以制造毒品的原料前体、试剂、溶剂及稀释剂、添加剂等。易制毒化学品本身并不是毒品,但其具有双重性,易制毒化学品既是一般医药、化工的工业原料,又是生产、制造或合成毒品必不可少的化学品。根据 1998 年《联合国禁止非法贩运麻醉药品和精神药品公约》的规定,有醋酸酐、乙醚、高锰酸钾等 22 种易制毒化学品被列为管制。此外,我国法律将三氯甲烷也列为易制毒化学品进行管制,共 23 种易制毒化学品。对易制毒化学品的范围,我国法律没有具体界定,《刑法》第 350 条只列举了比较常见的三种制毒物品。《联合国禁止非法贩运麻醉药品和精神药品公约》以附表的形式列举了缔约国基本公认的制毒物品。我国已加入该公约,因而其确定的制毒物品的范围,在我国就应当是适用的。

易制毒化学品实行分类管理;使用、储存易制毒化学品的单位必须建立、健全易制毒化学品的安全管理制度;使用、储存易制毒化学品的单位负责人负责制定易制毒化学品安全使用操作规程，明确安全使用注意事项，并督促严格按照规定操作；教学负责人、项目负责人对本组的易制毒化学品的使用安全负直接责任；落实保管责任制，责任到人，实行两人管理。管理人员需报公安部门备案，管理人员调动，须经部门主管批准，做好交接工作，并备案。

（二）危险药品的安全使用

实验用的有毒品必须按规定手续领用与保管。剧毒品要登记造册，并有专人管理。使用后的废液必须妥善处理，不允许倒入下水道和酸缸中。凡是产生有害气体的实验操作，必须在通风橱内进行。但应注意不使有毒品洒落在实验台或地面上，一旦洒落必须彻底清理干净。

绝不允许实验室内任何容器作食具，也不准在实验室内食用食品，实验完毕必须多次洗手，确保人身安全。对具有污染性质的化学药品不能与一般化学试剂放在一起。对有污染性物质的操作必须在规定的防护装置内进行。违反规程造成他人的人身伤害应负法律责任。实验室内防毒防污染的操作往往离不开防毒面具、防护罩及其他的工具，在此不一一介绍。

对于易燃易爆药品应根据实验的需用量和按照规定数量领取，不能在实验场所存放大量该类物品。存放易燃品应严禁明火，远离热源，避免日光直射。有条件的实验室应设专用贮放室或存放柜。

危险性物品在实验前应结合实验具体情况，制定出安全操作规程。在进行蒸馏易燃液体、有机物品或在高压釜内进行液相反应时，加料的数量绝不允许超过容器的三分之二。在加热和操作过程中，操作人员不得离岗，不允许在无操作人员监视下加热。对沸点低的易燃有机物品蒸馏时，不应直接使用明火加热，也不能加热过快，致使急剧汽化而冲开瓶塞，引起火灾或造成爆炸。进行这类实验的操作人员，必须熟悉实验室中灭火器材存放地点及使用方法。

在化工实验中，往往被人们所忽视的毒物，是压差计中的水银。如果操作不慎，压差计中的水银可能被冲洒出来。水银是一种累积性的毒物，水银进入人体不易被排除，累积过多就会中毒。因此，一方面装置中竭力避免采用水银；另一方面要谨慎操作，开关阀门要缓慢，防止冲走压差计中的水银。操作过程要小心，不要碰破压差计。一旦水银冲洒出来，一定要认真地尽可能地将它收集起来。实在无法收集的细粒，也要用硫黄粉和氯化铁溶液覆盖。因为细粒水银蒸发面积大，易于蒸发汽化，不宜采用扫帚一扫或用水一冲的错误办法。

（三）易燃物品的安全使用

各种易燃液体、有机化合物蒸汽和易燃气体在空气中含量达到一定浓度时，就能与空气（实际是氧）构成爆炸性的混合气体。这种混合气体若遇到明火就可能发生闪燃爆炸。

任何一种可燃气体在空气中构成爆炸性混合气体时，该气体所占的最低体积百分比称爆炸下限；该气体所占的最高体积百分比称爆炸上限。在下限与上限之间称爆炸范围。低于爆炸下限或高于爆炸上限的可燃性气体和空气构成的混合气体都不会发生爆炸。但体积比超过上限的混合气遇明火会发生燃烧,但不会爆炸。例如甲苯蒸汽在空气中的浓度为1.2%~7.1%时就构成爆炸性的混合气体。在这个温度范围遇明火(火红的热表面、火花等各种火源)即发生爆炸。低于1.2%,高于7.1%都不会发生爆炸。

当某些可燃性气体或蒸气遇空气混合进行燃烧时,也可能突然发生爆炸。这是由于该气体在空气中所占的体积比逐渐升高或降低,浓度由爆炸限以外进入爆炸限以内所致。反之,爆炸性的混合气体由于成分的变化也可以从爆炸限内逐渐变至爆炸限范围以外,成为非爆炸性气体。

这类具有爆炸性的混合气体在使用时应倍加重视,但也并不可怕。若能认真而严格地按照安全规程操作,是不会有危险的。因为构成爆炸应具备两个条件:(1) 可燃物在空气中的浓度落在爆炸极限范围内;(2) 有点火源存在。故防止方法就是不使浓度进入爆炸极限以内。在配气时,必须严格控制。使用可燃气体时,必须在系统中充氮吹扫空气,同时还必须保证装置严密不漏气。实验室要保证有良好通风,并禁止在室内有明火和敞开式的电热设备,也不能让室内有产生火花的必要条件存在等。此外,应注意某些剧烈的放热反应操作,避免引起自燃或爆炸。总之,只要严格掌握和遵守有关安全操作规程就不会发生事故。

三、高压钢瓶的安全使用

在化工实验中,另一类需要引起特别注意的东西,就是各种高压气体。化工实验中所用的气体种类较多,一类是具有刺激性气味的气体,如氨、二氧化硫等,这类气体的泄露一般容易被发觉。另一类是无色无味,但有毒性或易燃、易爆的气体,如一氧化碳等,不仅易中毒,在室温下空气中的爆炸范围为12%~74%。当气体和空气的混合物在爆炸范围内,只要有火花等诱发,就会立即爆炸。氢在室温下空气中的爆炸范围为4%~75.2%(*V*%)。因此使用有毒或易燃易爆气体时,系统一定要严密不漏,尾气要导出室外,并注意室内通风。

高压钢瓶是一种贮存各种压缩气体或液化气体的高压容器。钢瓶容积一般为40~60 L,最高工作压力为15 MPa,最低也在0.6 MPa以上。瓶内压力很高,以及贮存的气体本身某些又有毒或易燃易爆,故使用气瓶一定要掌握构造特点和安全知识,以确保安全。

气瓶主要有筒体和瓶阀构成,其他附件还有保护瓶阀的安全帽、开启瓶阀的手轮、使运输过程中不受震动的橡胶圈。另外,在使用时瓶阀出口还要连接减压阀和压力表。

标准高压气瓶是按国家标准制造的,并经有关部门严格检验方可使用。各种气瓶使用过程中,还必须定期送有关部门进行水压试验。经过检验合格的气瓶,在瓶肩上用钢印打上下列资料:

(1) 制造厂家;(2) 制造日期;(3) 气瓶型号和编号;(4) 气瓶重量;(5) 气瓶容积;(6) 工作压力;(7) 水压试验压力,水压试验日期和下次试验日期。

各类气瓶的表面都应涂上一定颜色的油漆,其目的不仅是为了防锈,主要是能从颜色上迅速辨别钢瓶中所贮存气体的种类,以免混淆。常用的各类气瓶的颜色及其标识如表1-2所示。

表 1-2 常用的各类气瓶的颜色及其标识

气体种类	工作压力 MPa	水压试验压力 MPa	气瓶颜色	文字	文字颜色	阀门出口螺纹
氧	15	22.5	浅蓝色	氧	黑色	正扣
氢	15	22.5	暗绿色	氢	红色	反扣
氮	15	22.5	黑色	氮	黄色	正扣
氦	15	22.5	棕色	氦	白色	正扣
压缩空气	15	22.5	黑色	压缩空气	白色	正扣
二氧化碳	12.5(液)	19	黑色	二氧化碳	黄色	正扣
氨	3(液)	6	黄色	氨	黑色	正扣
氯	3(液)	6	草绿色	氯	白色	正扣
乙炔	3(液)	6	白色	乙炔	红色	反扣
二氧化硫	0.6(液)	1.2	黑色	二氧化硫	白色	正扣

为了确保安全,在使用钢瓶时,一定要注意以下几点:

(1) 当气瓶受到明火或阳光等热辐射的作用时,气体因受热而膨胀,使瓶内压力增大。当超过工作压力时,就有可能发生爆炸。因此,在钢瓶运输、保存和使用时,应远离热源(明火、暖气、炉子等),并避免长期在日光下暴晒,尤其在夏天更应注意。

(2) 气瓶即使在温度不高的情况下受到猛烈撞击,或不小心将其碰倒跌落,都有可能引起爆炸。因此,钢瓶在运输过程中,要轻搬轻放,避免跌落撞击,使用时要固定牢靠,防止碰倒。更不允许用锥子、扳手等金属器具打钢瓶。

(3) 瓶阀是钢瓶中关键部件,必须保护好,否则将会发生事故。

① 若瓶内存放的是氧、氢、二氧化碳和二氧化硫等,瓶阀应用铜和钢制成。当瓶内存放的是氨,则瓶阀必须用钢制成,以防腐蚀。

② 使用钢瓶时,必须用专用的减压阀和压力表。尤其是氢气和氧气不能互换,为了防止氢和氧两类气体的减压阀混用造成事故,氢气表和氧气表的表盘上分别注明有氢气表和氧气表的字样。氢及其他可燃气体瓶阀,连接减压阀的连接管为左旋螺纹;而氧等不可燃烧气体瓶阀,连接管为右旋螺纹。

③ 氧气瓶阀严禁接触油脂。因为高压氧气与油脂相遇,会引起燃烧,以至爆炸。开关氧气瓶时,切莫用带油污的手和扳子。

④ 要注意保护瓶阀。开关瓶阀时一定要搞清楚方向缓慢转动,旋转方向错误和用力过猛会使螺纹受损,可能冲脱而出,造成重大事故。关闭瓶阀时,不漏气即可,不要关得过紧。用毕和搬运时,一定要安上保护瓶阀的安全帽。

⑤ 瓶阀发生故障时,应立即报告指导教师。严禁擅自拆卸瓶阀上任何零件。

(4) 当钢瓶安装好减压阀和连接管线后,每次使用前都要在瓶阀附近用肥皂水检查,确认不漏气才能使用。对于有毒或易燃易爆气体的气瓶。除了保证严密不漏外,最好单独放置在远离实验室的小屋里。

(5) 钢瓶中气体不要全部用净。一般钢瓶使用到压力为 0.5 Mpa 时,应停止使用。

因为压力过低会给充气带来不安全因素,当钢瓶内压力与外界大气压力相同时,会造成空气的进入。对危险气体来说,上述情况在充气时发生爆炸事故已有许多教训。

(6) 易燃易爆气体的输送应控制流速,不能过快,同时在输出管路上应采取防静电措施。

(7) 气瓶必须严格按期检验。

四、实验室消防

实验操作人员必须了解消防知识。实验室内应准备一定数量的消防器材。工作人员应熟悉消防器材的存放位置和使用方法,绝不允许将消防器材移作他用。实验室常用的消防器材包括以下几种。

1. 火砂箱

易燃液体和其他不能用水灭火的危险品,着火时可用砂子来扑灭。它能隔断空气并起降温作用而灭火。但砂中不能混有可燃性杂物,并且要干燥些。潮湿的砂子遇火后因水分蒸发,致使燃着的液体飞溅。砂箱中存砂有限,实验室内又不能存放过多砂箱,故这种灭火工具只能扑灭局部小规模的火源。对于不能覆盖的大面积火源,因砂量太少而作用不大。此外还可用不燃性固体粉末灭火。

2. 石棉布、毛毡或湿布

这些器材适于迅速扑灭火源区域不大的火灾,也是扑灭衣服着火的常用方法。其作用是隔绝空气达到灭火目的。

3. 泡沫灭火器

实验室多用手提式泡沫灭火器。它的外壳用薄钢板制成,内有一个玻璃胆,其中盛有硫酸铝。胆外装有碳酸氢钠溶液和发泡剂(甘草精)。灭火液由 50 份硫酸铝和 50 份碳酸氢钠及 5 份甘草精组成。使用时将灭火器倒置,马上发生化学反应,生成含 CO_2 的泡沫。

$$6NaHCO_3 + Al_2(SO_4)_3 \longrightarrow 3Na_2SO_4 + Al_2O_3 + 3H_2O + 6CO_2$$

此泡沫粘附在燃烧物表面上,形成与空气隔绝的薄层而达到灭火目的。它适用于扑灭实验室的一般火灾。油类着火在开始时可使用,但不能用于扑灭电线和电器设备火灾。因为泡沫本身是导电的,这样会造成扑火人触电事故。

4. 四氯化碳灭火器

该灭火器是在钢筒内装有四氯化碳并压入 0.7 Mpa 的空气,使灭火器具有一定的压力。使用时将灭火器倒置,旋开手阀即喷出四氯化碳。它是不燃液体,其蒸汽比空气重,能覆盖在燃烧物表面与空气隔绝而灭火。它适用于扑灭电器设备的火灾,但使用时要站在上风侧,因四氯化碳是有毒的。室内灭火后应打开门窗通风一段时间,以免中毒。

5. 二氧化碳灭火器

钢筒内装有压缩的二氧化碳。使用时,旋开手阀,二氧化碳就能急剧喷出,使燃烧物与空气隔绝,同时降低空气中含氧量。当空气中含有 12%～15%的二氧化碳时,燃烧即停止。但使用时要注意防止现场人员窒息。

6. 其他灭火剂

干粉灭火剂可扑灭易燃液体、气体、带电设备引起的火灾。1211灭火器适用于扑救油类、电器类、精密仪器等火灾。在一般实验室内使用不多，对大型及大量使用可燃物的实验场所应备用此类灭火剂。

1.4 实验室安全用电

一、保护接地和保护接零

在正常情况下电器设备的金属外壳是不导电的，但设备内部的某些绝缘材料若损坏，金属外壳就可能导电。当人体接触到带电的金属外壳或带电的导线时，就会有电流通过人体。带电体电压越高，流过人体的电流就越大，对人体的伤害也越大。当大于10 mA的交流电或大于50 mA的直流电流过人体时，就可能危及生命安全。我国规定36 V(50 Hz)的交流电是安全电压。超过安全电压的用电就必须注意用电安全，防止触电事故。

为防止发生触电事故，要经常检查实验室用的电器设备，看是否有漏电现象。同时要检查用电导线有无裸露和电器设备是否有保护接地或保护接零措施。

1. 设备漏电测试

检查带电设备是否漏电，使用试电笔最为方便。它是一种测试导线和电器设备是否带电的常用电工工具，由笔尖金属体、电阻、氖管、弹簧和笔端金属体组成。大多数将笔尖作成改锥形式。如果把试电笔端金属体与带电体(如相线)接触，笔尾金属端与人的手部接触，那么氖管就会发光，而人体并无不适感觉。氖管发光说明被测物带电。这样，可及时发现电器设备有无漏电。一般使用前要在带电的导线上预测，以检查试电笔是否正常。

用试电笔检查漏电，只是定性的检查，欲知电器设备外壳漏电的程度还必须用其他仪表检测。

2. 保护接地

保护接地是用一根足够粗的导线，一端接在设备的金属外壳上，另一端接在接地体上(专门埋在地下的金属体)，使设备与大地连成一体。一旦发生漏电，电流通过接地导线流入大地，降低外壳对地电压。当人体触及外壳时，流入人体电流很小而不致触电。电器设备接地的电阻越小则越安全。如果电路有保护熔断丝，会因漏电产生电流而使保护熔断丝熔化并自动切断电源。一般的实验室用电采用这种接地方式已较少，大部分用保护接零的方法。

3. 保护接零

保护接零是把电器设备的金属外壳接到供电线路系统中的中性线上，而不需专设接地线和大地相连。这样，当电器设备因绝缘材料损坏而碰壳时，相线(即火线)、电器设备的金属外壳和中性线就形成一个“单相短路”的电路。由于中性线电阻很小，短路电流很大，会使保护开关动作或使电路保护熔断丝断开，切断电源，消除触电危险。

在保护接零系统内，不应再设置外壳接地的保护方法。因为漏电时，可能由于接地电阻比接零电阻大，致使保护开关或熔断丝不能及时熔断，造成电源中性点电位升高，使所有接零的电器设备外壳都带电，反而增加了危险。

保护接零是由供电系统中性点接地所决定的。对中性点接地的供电系统采用保护接零是既方便又安全的办法。但保证用电安全的根本方法是电器设备绝缘性良好，不发生漏电现象。因此，注意检测设备的绝缘性能是防止漏电造成触电事故的最好方法。

二、实验室用电的导线选择

实验室用电或实验流程中的电路配线，设计者要提出导线规格，有些流程要亲自安装，如果导线选择不当就会在使用中造成危险。导线种类很多，不同导线和不同配线条件下都有安全截流值规定，在有关手册中可以查到。

在实验时，应考虑电源导线的安全截流量。不能任意增加负载而导致电源导线发热从而造成火灾或短路的事故。合理配线的同时还应注意保护熔断丝选配得当，不能过大也不应过小。过大失去保护作用，过小则在正常负荷下会熔断而影响工作。熔断丝的选择要根据负载情况而定，可参看有关电工手册。

三、实验室安全用电注意事项

化工原理实验中电器设备较多，某些设备的电负荷也较大。在接通电源之前，必须认真检查电器设备和电路是否符合规定要求，对于直流电设备应检查正负极是否接对。必须搞清楚整套实验装置的启动和停车操作顺序，以及紧急停车的方法。注意安全用电极为重要，对电器设备必须采取安全措施。操作者必须严格遵守下列操作规定：

(1) 进行实验之前必须了解室内总电闸与分电闸的位置，以便出现用电事故时及时切断各电源。

(2) 电器设备维修时必须停电作业。

(3) 带金属外壳的电器设备都应该保护接零，定期检查是否连结良好。

(4) 导线的接头应紧密牢固，接触电阻要小。裸露的接头部分必须用绝缘胶布包好，或者用绝缘管套好。

(5) 所有的电器设备在带电时不能用湿布擦拭，更不能有水落于其上。电器设备要保持干燥清洁。

(6) 电源或电器设备上的保护熔断丝或保险管，都应按规定电流标准使用。严禁私自加粗保险丝或用铜或铝丝代替。当熔断保险丝后，一定要查找原因，消除隐患，而后再换上新的保险丝。

(7) 电热设备不能直接放在木制实验台上使用，必须用隔热材料垫架，以防引起火灾。

(8) 发生停电现象必须切断所有的电闸。防止操作人员离开现场后,因突然供电而导致电器设备在无人监视下运行。

(9) 合闸动作要快,要合得牢。合闸后若发现异常声音或气味,应立即拉闸,进行检查。如发现保险丝熔断,应立刻检查带电设备上是否有问题,切忌不经检查便换上熔断丝或保险管就再次合闸,这样会造成设备损坏。

(10) 离开实验室前,必须把控制本实验室的总电闸拉下。

第二章　实验数据误差分析及其处理

2.1　实验数据的误差分析

由于实验方法和实验设备的不完善，周围环境的影响，以及人的观察力、测量程序等限制，实验测量值和真值之间，总是存在一定的差异。误差是实验测量值（包括直接和间接测量值）与真值（客观存在的准确值）之差。误差的大小，表示每次测量值相对于真值不符合的程度。误差有以下含义：① 误差永远不等于零。不管人们主观愿望如何，也不管人们在测量过程中怎样精心细致地控制，误差都是要产生的，误差的存在是客观绝对的。② 误差具有随机性。在相同的实验条件下，对同一个研究对象反复进行多次的实验、测试或观察，所得到的总不是一个确定的结果，即实验结果具有不确定性。③ 误差是未知的，通常情况下，由于真值是未知的，研究误差时，一般都从偏差入手。人们常用绝对误差、相对误差或有效数字来说明一个近似值的准确程度。为了评定实验数据的精确性或误差，认清误差的来源及其影响，需要对实验的误差进行分析和讨论。由此可以判定哪些因素是影响实验精确度的主要方面，从而在以后实验中，进一步改进实验方案，缩小实验观测值和真值之间的差值，提高实验的精确性。

一、误差的相关概念

测量是人类认识事物本质所不可缺少的手段。通过测量和实验能使人们对事物获得定量的概念和发现事物的规律性。科学上很多新的发现和突破都是以实验测量为基础的。测量就是用实验的方法，将被测物理量与所选用作为标准的同类量进行比较，从而确定它的大小。

1. 真值与平均值

真值是待测物理量客观存在的确定值，也称理论值或定义值。通常真值是无法测得的。若在实验中，测量的次数无限多时，根据误差的分布定律，正负误差的出现概率相等。再经过细致地消除系统误差，将测量值加以平均，可以获得非常接近于真值的数值。但是实际上实验测量的次数总是有限的。用有限测量值求得的平均值只能是近似真值，常用的平均值有下列几种：

(1) 算术平均值　设 x_1、x_2、…、x_n 为各次测量值，n 代表测量次数，则算术平均值为

$$\overline{x}=\frac{x_1+x_2+\cdots+x_n}{n}=\frac{1}{n}\sum_{i=1}^{n}x_i \tag{2-1}$$

算术平均值是最常见的一种平均值，当测量值的分布服从正态分布时，用最小二乘法原理可证明：在一组等精度的测量中，算术平均值为最佳值或最可信赖值。

(2) 几何平均值　几何平均值是将一组 n 个测量值连乘并开 n 次方求得的平均值。即

$$\overline{x}_{几}=\sqrt[n]{x_1\cdot x_2\cdots x_n} \tag{2-2}$$

以对数表示为

$$\lg\overline{x}_{几}=\frac{1}{n}\sum_{i=1}^{n}\lg x_i \tag{2-2'}$$

当测量值的分布服从对数正态分布时，常用几何平均值。可见，几何平均值的对数等于这些测量值的对数的算术平均值。几何平均值常小于算术平均值。

(3) 均方根平均值　均方根平均值常用于计算气体分子的平均动能，其定义式为

$$\overline{x}_{均}=\sqrt{\frac{x_1^2+x_2^2+\cdots+x_n^2}{n}}=\sqrt{\frac{1}{n}\sum_{i=1}^{n}x_i^2} \tag{2-3}$$

(4) 对数平均值　对数平均值常用于热量和质量传递过程，测量值的对数平均值总小于算术平均值。设两个量 x_1、x_2，其对数平均值

$$\overline{x}_{对}=\frac{x_1-x_2}{\ln x_1-\ln x_2}=\frac{x_1-x_2}{\ln(x_1/x_2)} \tag{2-4}$$

$$x_1/x_2=2,\overline{x}_{对}=1.443x_2,\overline{x}=1.50x_2,|(\overline{x}_{对}-\overline{x})/\overline{x}_{对}|=4.0\%$$

即 $1/2<x_1/x_2<2$ 时，可以用算术平均值代替对数平均值，引起的误差不超过 4.0%。

以上介绍各平均值的目的都是要从一组测量值中找出最接近真值的量值。在化工实验和科学研究中，数据的分布较多属于正态分布，故常采用算术平均值。

2. 误差的分类

根据误差的性质和产生的原因，一般分为三类：

(1) 系统误差　系统误差是指在测量和实验中由某些固定不变的因素所引起的误差。在相同条件下进行多次测量，其误差数值的大小和正负保持恒定，或误差随条件改变按一定规律变化。即有的系统误差随时间呈线性、非线性或周期性变化，有的不随测量时间变化。

系统误差产生的原因：测量仪器不良，如刻度不准，安装不正确，仪表零点未校正或标准表本身存在偏差等；周围环境的改变，如温度、压力、湿度等偏离校准值；测量方法，如近似的测量方法或近似的计算公式等引起的误差；实验人员的习惯和偏向，如读数偏高或偏低等引起的误差。针对测量仪器、周围环境、测量方法、个人的偏向等因素，因其有固定的偏向和确定的规律，待分别加以校正后，系统误差是可以消除的。

(2) 随机误差　在已消除系统误差的一切量值的观测中，所测数据仍在末一位或末两位数字上有差别，而且它们的绝对值和符号的变化没有确定的规律，这类误差称为随机误差或偶然误差。随机误差是由某些不易控制的因素造成的，如测量值的波动、肉眼观察欠准确等，因而无法消除。但是，倘若对某一量值作足够多次的等精度测量后，就会发现随机误差完全服从统计规律，误差的大小或正负的出现完全由概率决定。因此，随着测量次数的增加，随机误差的算术平均值趋近于零，所以多次测量结果的算数平均值将更接近于真值。研究随机误差可采用概率统计方法。

(3) 过失误差　过失误差，又称粗大误差，是一种显然与事实不符的误差。它往往是由于实验人员粗心大意、过度疲劳和操作不正确等原因引起的读数错误、记录错误或操作失败。此类误差无规则可寻，因其往往与正常值相差很大，故只要加强责任感、多方警惕、细心操作，过失误差是可以避免的。这类误差应在整理数据时依据常用的准则加以剔除。

上述三种误差之间，在一定条件下可以相互转化。例如：温度计刻度划分有误差，对厂家来说是随机误差；一旦用它进行温度测量时，这温度计的分度对测量结果将形成系统误差。随机误差和系统误差间并不存在绝对的界限。同样，对于过失误差，有时也难以和随机误差相区别，导致当作随机误差来处理。

3. 精密度、准确度和精确度

反映测量结果与真实值接近程度的量，称为精度（亦称精确度）。它与误差大小相对应，测量的精度越高，其测量误差就越小。“精度”应包括精密度和正确度两层含义。

(1) 精密度　测量中所测得数值重现性的程度，称为精密度。它反映随机误差的影响程度，精密度高就表示随机误差小。

(2) 正确度　测量值与真值的偏移程度，称为正确度。它反映系统误差的影响程度，正确度高就表示系统误差小。

(3) 准确度　它反映测量中所有系统误差和随机误差综合的影响程度。

在一组测量中，精密度高的正确度不一定高，正确度高的精密度也不一定高，但准确度高，则精密度和正确度都高。

为了说明精密度、正确度与准确度的区别，可用下述打靶子例子来说明。如图 2-1 所示。

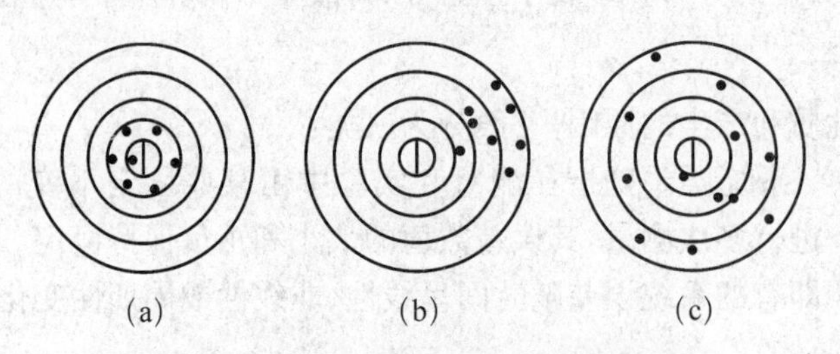

图 2-1　精密度、正确度和准确度的关系

图 2-1(a)中表示精密度和正确度都很好，则准确度高；图 2-1(b)表示精密度很好，但正确度却不高；图 2-1(c)表示精密度不好，但正确度高。在实际测量中没有像靶心那样明确的真值，而是设法去测定这个未知的真值。

人们在实验过程中，往往满足于实验数据的重现性，而忽略了数据测量值的准确程度。绝对真值是不可知的,人们只能定出一些国际标准作为测量仪表精确性的参考标准。随着人类认识运动的推移和发展,可以逐步逼近绝对真值。

4. 误差的表示方法

利用任何量具或仪器进行测量时,总存在误差,测量结果总不可能准确地等于被测量的真值,而只是它的近似值。测量的质量高低以测量准确度作指标,根据测量误差的大小来估计测量的准确度。测量结果的误差愈小,则认为测量就愈准确。

(1) 绝对误差　测量值 x 和真值 A_0 之差为绝对误差,通常称为误差。记为:

$$D = x - A_0 \tag{2-5}$$

由于真值 A_0 一般无法求得,因而上式只有理论意义,常用高一级标准仪器的示值作为实际值 A 以代替真值 A_0。由于高一级标准仪器存在较小的误差,因而 A 不等于 A_0,但总比 x 更接近于 A_0,x 与 A 之差称为仪器的示值绝对误差。记为

$$d = x - A \tag{2-6}$$

与 d 相反的数称为修正值,记为

$$C = -d = A - x \tag{2-7}$$

通过检定,可以由高一级标准仪器给出被检仪器的修正值 C,利用修正值便可以求出仪器的实际值 A,即

$$A = x + C \tag{2-8}$$

绝对误差虽很重要,但仅用它还不足以说明测量的准确程度。换句话说,它还不能给出测量准确与否的完整概念。此外,有时测量得到相同的绝对误差可能导致准确度完全不同的结果。例如,要判别称量的好坏,单单知道最大绝对误差等于 1 g 是不够的,因为如果所称量物质本身的质量有几十千克,那么,绝对误差 1 g,表明此次称量的质量是高的;同样,如果所称量的物质本身仅有 2～3 g,那么,这又表明此次称量的结果毫无用处。

显而易见,为了判断测量的准确度,必须将绝对误差与所测量值的真值相比较,即求出其相对误差,才能说明问题。

(2) 相对误差　衡量某一测量值的准确程度,一般用相对误差来表示。示值绝对误差 d 与被测量的实际值 A 的百分比值称为实际相对误差。记为

$$E = \frac{d}{A} \times 100\% \tag{2-9}$$

以仪器的示值 x 代替实际值 A 的相对误差称为示值相对误差。记为

$$e = \frac{d}{x} \times 100\% \tag{2-10}$$

一般来说,除了某些理论分析外,用示值相对误差较为适宜。

(3) 引用误差　为了计算和划分仪表精确度等级,提出引用误差概念。其定义为仪表示值的绝对误差与量程范围之比。

$$\delta_A = \frac{示值绝对误差}{量程范围} \times 100\% = \frac{d}{X_n} \times 100\% \tag{2-11}$$

式中，X_n 为标尺上限值与标尺下限值之差。

(4) 算术平均误差　算术平均误差是各个测量值的误差的算术平均值。

$$\delta_{平} = \frac{1}{n}\sum |d_i| \quad i = 1,2,\cdots,n \tag{2-12}$$

式中，n 为测量次数；d_i 为第 i 次测量的误差。

(5) 标准误差　标准误差亦称为均方根误差。其定义为

$$\sigma = \sqrt{\frac{1}{n}\sum D_i^2} \tag{2-13}$$

上式适用于无限测量的场合。实际测量工作中，测量次数是有限的，则改用下式

$$\sigma = \sqrt{\frac{1}{n-1}\sum d_i^2} \tag{2-14}$$

标准误差不是一个具体的误差，σ 的大小只说明在一定条件下等精度测量集合所属的每一个测量值对其算术平均值的分散程度，如果 σ 的值愈小则说明每一次测量值对其算术平均值分散度愈小，测量的准确度愈高，反之准确度愈低。

在化工原理实验中最常用的 U 形管压差计、转子流量计、秒表、量筒、电压表等仪表原则上均取其最小刻度值为最大误差，而取其最小刻度值的一半作为绝对误差计算值。

5. 测量仪表的精度

测量仪表的精度等级是用最大引用误差(又称允许误差)来标明的。它等于仪表示值中的最大绝对误差与仪表的量程范围之比的百分数。

$$\delta_{max} = \frac{最大示值绝对误差}{量程范围} \times 100\% = \frac{d_{max}}{X_n} \times 100\% \tag{2-15}$$

式中：δ_{max} 为仪表的最大测量引用误差；d_{max} 为仪表示值的最大绝对误差。

通常情况下是用标准仪表校验较低级的仪表。所以，最大示值绝对误差就是被校表与标准表之间的最大绝对误差。

测量仪表的精度等级是国家统一规定的，把允许误差中的百分号去掉，剩下的数字就称为仪表的精度等级。仪表的精度等级常以圆圈内的数字标明在仪表的面板上。例如某台压力计的允许误差为 1.5%，这台压力计的精度等级就是 1.5，通常简称 1.5 级仪表。

仪表的精度等级为 a，它表明仪表在正常工作条件下，其最大引用误差的绝对值 δ_{max} 不能超过的界限，即

$$\delta_{max} = \frac{d_{max}}{X_n} \times 100\% \leqslant a\% \tag{2-16}$$

由式(2-16)可知，在应用仪表进行测量时所能产生的最大绝对误差(简称误差限)为

$$d_{max} \leqslant X_n \cdot a\% \tag{2-17}$$

而用仪表测量的最大相对误差为

$$\delta_{n\max}=\frac{d_{\max}}{X_n}\leqslant a\%\cdot\frac{X_{n上}}{x} \tag{2-18}$$

由上式可以看出，用指示仪表测量某一被测量所能产生的最大示值相对误差，不会超过仪表允许误差 $a\%$ 乘以仪表测量上限 $X_{n上}$ 与测量值 x 的比。在实际测量中为可靠起见，可用下式对仪表的测量误差进行估计，即

$$\delta_m=a\%\cdot\frac{X_{n上}}{x} \tag{2-19}$$

［**例 2-1**］　用量限为 5 A，精度为 0.5 级的电流表，分别测量两个电流，$I_1=5$ A，$I_2=2.5$ A，试求测量 I_1 和 I_2 的相对误差为多少？

解：$\delta_{m1}=a\%\cdot\dfrac{I_{n上}}{I_1}=0.5\%\times\dfrac{5}{5}=0.5\%$

$$\delta_{m2}=a\%\cdot\frac{I_{n上}}{I_2}=0.5\%\times\frac{5}{2.5}=1.0\%$$

由此可见，当仪表的精度等级选定时，被测量的值与所选仪表的测量上限越接近，则测量的误差的绝对值越小。

［**例 2-2**］　欲测量约 90 V 的电压，实验室现有 0.5 级 0～300 V 和 1.0 级 0～100 V 的电压表。问选用哪一种电压表进行测量为好？

解：用 0.5 级 0～300 V 的电压表测量 90 V 的相对误差为

$$\delta_{m0.5}=a_1\%\cdot\frac{U_{n上1}}{U}=0.5\%\times\frac{300}{90}=1.7\%$$

用 1.0 级 0～100 V 的电压表测量 90 V 的相对误差为

$$\delta_{m1.0}=a_2\%\cdot\frac{U_{n上2}}{U}=1.0\%\times\frac{100}{90}=1.1\%$$

本例说明，如果选择得当，用量程范围适当的 1.0 级仪表进行测量，能得到比用量程范围大的 0.5 级仪表更准确的结果。因此，在选用仪表时，应根据被测量值的大小，在满足被测量数值范围的前提下，尽可能选择量程小的仪表，并使测量值大于所选仪表满刻度的三分之二，即 $x>2X_{n上}/3$。这样既可以达到满足测量误差要求，又可以选择精度等级较低的测量仪表，从而降低仪表的成本。

二、有效数字及其运算规则

在科学与工程中，测量或计算结果总是以一定位数的数字来表示。究竟取几位数才是有效的呢？实验中从测量仪表上所读数值的位数是有限的，它取决于测量仪表的精度，其最后一位数字往往是仪表精度所决定的估计数字。即一般应读到测量仪表最小刻度的十分之一位。数值准确度大小由有效数字位数来决定。

1. 有效数字

一个数据，其中除了起定位作用的"0"外，其他数都是有效数字。如 0.003 7 只有两位有效数字，而 370.0 则有四位有效数字。一般要求测试数据有效数字为 4 位。要注意有效数字不一定都是可靠数字。如测流体阻力所用的 U 形管压差计，最小刻度是 1 mm，但我们可以读到 0.1 mm，如 342.4 mmHg。又如二等标准温度计最小刻度为 0.1℃，我们可以读到 0.01℃，如 15.16℃。此时有效数字为 4 位，而可靠数字只有三位，最后一位是不可靠的，称为可疑数字。记录测量数值时只保留一位可疑数字。

为了清楚地表示数值的准确度，需明确数值的有效数字位数，常用指数的形式表示，即写成一个小数与相应 10 的整数幂的乘积。这种以 10 的整数幂来记数的方法称为科学记数法，这种记数法的特点是小数点前面永远是一位非零数字，"×"前面的数字都为有效数字。这种科学计数法表示的有效数字，位数就一目了然了。如 75 200 的有效数字位数分别为 4、3、2 时，则可分别表示为 7.520×10^4、7.52×10^4、7.5×10^4；0.004 78 的有效数字位数分别为 4、3、2 时，则可分别表示为 4.780×10^{-3}、4.78×10^{-3}、4.8×10^{-3}。

2. 有效数字运算规则

(1) 记录测量数值时，只保留一位可疑数字。

(2) 当有效数字位数确定后，其余数字一律舍弃。舍弃办法是四舍六入，即末位有效数字后边第一位小于 5，则舍弃不计；大于 5 则在前一位数上增 1；等于 5 时，前一位为奇数，则进 1 为偶数，前一位为偶数，则舍弃不计。这种舍入原则可简述为："小则舍，大则入，正好等于奇变偶"。如：箭头左侧数值保留 4 位有效数字：

3.717 29→3.717；5.142 85→5.143；7.623 56→7.624；9.376 56→9.376

在传统的四舍五入法中，是舍是入只看舍去部分的第一位数字。在新的舍入方法中，是舍是入应看整个舍去部分数值的大小。新的舍入方法的科学性在于：将"舍去部分的数值恰好等于保留部分末位的半个单位"的这一特殊情况，进行特殊处理，根据保留部分末位是否为偶数来决定是舍还是入。因为偶数、奇数出现的概率相等，所以舍、入概率也相等。在大量运算时，这种舍入方法引起的计算结果对真值的偏差趋于零。

(3) 在加减计算中，各数所保留的位数，应与各数中小数点后位数最少的相同。例如将 24.65、0.008 2、1.632 三个数字相加时，应写为 24.65＋0.01＋1.63＝26.29。

(4) 在乘除运算中，各数所保留的位数，以各数中有效数字位数最少的那个数为准；其结果的有效数字位数亦应与原来各数中有效数字最少的那个数相同。例如：0.012 1×25.64×1.057 82 应写成 0.012 1×25.6×1.06＝0.328。本例说明，虽然这三个数的乘积为 0.328 182 308 08，但只应取其积为 0.328。

(5) 乘方、开方后的有效数字与其底数相同。

(6) 在对数计算中，所取对数位数应与真数有效数字位数相同。

从有效数字的运算规则可以发现，当实验结果的准确度同时受几个待测参数影响时，应使几个参数的测量仪表的精度一致，采用个别高精度仪表无助于提高整个实验结果的准确度，反而提高了实验成本。

三、误差的基本性质

在化工原理实验中通常直接测量或间接测量得到有关的参数数据，这些参数数据的可靠程度如何？如何提高其可靠性？因此，必须研究在给定条件下误差的基本性质和变化规律。

1. 误差的正态分布

如果测量数列中不包括系统误差和过失误差，从大量的实验中发现随机误差的大小有如下几个特征：

(1) 绝对值小的误差比绝对值大的误差出现的机会多，即误差的概率与误差的大小有关。这是误差的单峰性。

(2) 绝对值相等的正误差或负误差出现的次数相当，即误差的概率相同。这是误差的对称性。

(3) 极大的正误差或负误差出现的概率都非常小，即大的误差一般不会出现。这是误差的有界性。

(4) 随着测量次数的增加，随机误差的算术平均值趋近于零。这是误差的抵偿性。

根据上述的随机误差特征，可以得出随机误差出现的概率分布图，如图 2-2 所示。图中横坐标表示随机误差，纵坐标表示每个误差出现的概率，图中曲线称为误差分布曲线，以 $y=f(x)$ 表示。其数学表达式由高斯于 1795 年提出，具体形式为：

$$y(\sigma=\sigma)=\frac{1}{\sqrt{2\pi}\sigma}e^{-\frac{x^2}{2\sigma^2}} \tag{2-20}$$

式中，x 为随机误差；y 为概率密度函数；$(\sigma=\sigma)$ 表示标准误差 σ 可以是某范围内的任意值。上式可以改写为

$$y(h=h)=\frac{h}{\sqrt{\pi}}e^{-h^2x^2} \tag{2-20'}$$

式中，h 为精确度指数。σ 和 h 的关系为：

$$h=\frac{1}{\sqrt{2}\sigma} \tag{2-21}$$

式(2-20)与(2-20′)都称为高斯误差分布定律，亦称为误差方程。若误差按上述函数关系分布，则称为正态分布。$\sigma=1$ 时，式(2-20)变为

$$y(\sigma=1)=\frac{1}{\sqrt{2\pi}}e^{-\frac{x^2}{2}} \tag{2-22}$$

式(2-22)所描述的分布称为标准正态分布。

σ 越小，测量精度越高，分布曲线的峰越高且窄；σ 越大，分布曲线越平坦且越宽，如图 2-3 所示。由此可知，σ 越小，小误差占的比重越大，测量精度越高。反之，则大误差占的比重越大，测量精度越低。

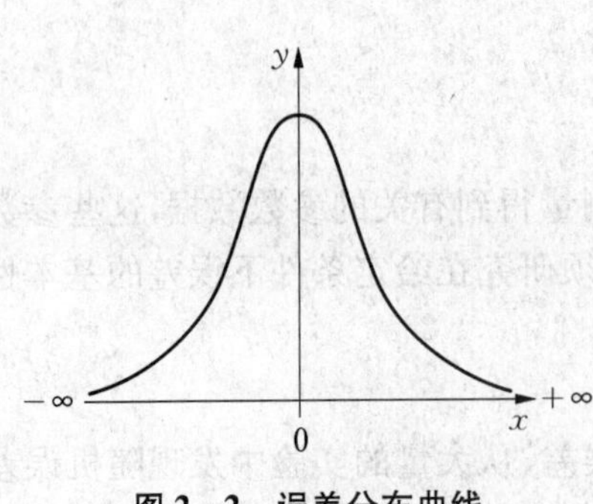

图 2-2 误差分布曲线

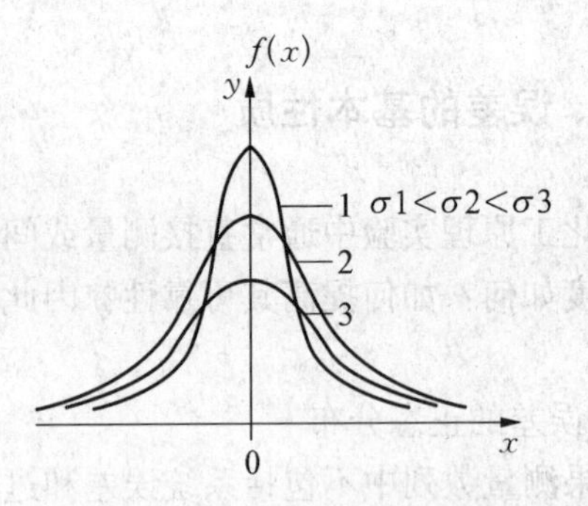

图 2-3 不同 σ 的误差分布曲线

2. 测量集合的最佳值

在测量精度相同的情况下，测量一系列观测值 $M_1, M_2, \cdots, M_n$ 所组成的测量集合，假设其平均值为 M_m，则各次测量误差为：

$$x_i = M_i - M_m \quad i=1,2,\cdots,n$$

当采用不同的方法计算平均值时，所得到误差值不同，误差出现的概率亦不同。若选取适当的计算方法，使误差最小，而概率最大，由此计算的平均值为最佳值。根据高斯分布定律，只有各点误差平方和最小，才能实现概率最大。这就是最小乘法值。由此可见，对于一组精度相同的观测值，采用算术平均得到的值是该组观测值的最佳值。

3. 有限测量次数中标准误差 σ 的计算

由误差定义可知，误差是观测值和真值之差。在没有系统误差存在的情况下，以无限多次测量所得到的算术平均值为真值。当测量次数为有限时，所得到的算术平均值近似于真值，称最佳值。因此，观测值与真值之差不同于观测值与最佳值之差。前已给出有限测量次数标准误差 σ 的计算公式，下面作进一步推导。

令真值为 A，计算平均值为 a，观测值为 M，并令 $d=M-a$，$D=M-A$，则

$$\begin{array}{ll} d_1 = M_1 - a & D_1 = M_1 - A \\ d_2 = M_2 - a & D_2 = M_2 - A \\ \cdots & \cdots \\ d_n = M_n - a & D_n = M_n - A \\ \sum d_i = \sum M_i - na & \sum D_i = \sum M_i - nA \end{array}$$

因为 $\sum d_i = \sum M_i - na = 0$，$\sum M_i = na$，代入 $\sum D_i = \sum M_i - nA$，即得

$$a = A + \frac{1}{n}\sum D_i \tag{2-23}$$

将式(2-23)式代入 $d_i = M_i - a$ 中得

$$d_i = (M_i - A) - \frac{1}{n}\sum D_i = D_i - \frac{1}{n}\sum D_i \tag{2-24}$$

将式(2-24)两边各平方得

$$d_1^2 = D_1^2 - \frac{2D_1}{n}\sum D_i + \left(\frac{1}{n}\sum D_i\right)^2$$

$$d_2^2 = D_2^2 - \frac{2D_2}{n}\sum D_i + \left(\frac{1}{n}\sum D_i\right)^2$$

$$\cdots$$

$$d_n^2 = D_n^2 - \frac{2D_n}{n}\sum D_i + \left(\frac{1}{n}\sum D_i\right)^2$$

$$\sum d_i^2 = \sum D_i^2 - 2\frac{\left(\sum D_i\right)^2}{n} + n\left[\frac{\sum D_i}{n}\right]^2 = \sum D_i^2 - \frac{\left(\sum D_i\right)^2}{n}$$

因在测量中正负误差出现的机会相等，故将$(\Sigma D_i)^2$展开后，D_1D_2、D_1D_3、…，为正为负的项数相等，彼此相消，故得

$$\sum d_i^2 = \frac{n-1}{n}\sum D_i^2 \tag{2-25}$$

从上式可以看出，在有限测量次数中，自算数平均值计算的误差平方和永远小于自真值计算的误差平方和。根据标准误差的定义

$$\sigma = \sqrt{\frac{1}{n}\sum D_i^2} \tag{2-26}$$

式中 $\sum D_i{}^2$ 代表观测次数为无限多时误差的平方和。故当观测次数有限时

$$\sigma = \sqrt{\frac{1}{n-1}\sum d_i^2} \tag{2-27}$$

4. 可疑观测值的舍弃

由概率积分知，随机误差正态分布曲线下的全部积分，相当于全部误差同时出现的概率，即

$$p = \frac{1}{\sqrt{2\pi}\sigma}\int_{-\infty}^{\infty} e^{-\frac{x^2}{2\sigma^2}}\,dx = 1 \tag{2-28}$$

若误差 x 以标准误差 σ 的倍数表示，即 $x=t\sigma$，则在 $\pm t\sigma$ 范围内出现的概率为 $2\Phi(t)$，超出这个范围的概率为 $1-2\Phi(t)$。$\Phi(t)$称为概率函数，表示为

$$\Phi(t) = \frac{1}{\sqrt{2\pi}}\int_0^t e^{-\frac{t^2}{2}}\,dt \tag{2-29}$$

$2\Phi(t)$与 t 的对应值在数学手册或专著中均附有积分表，读者需要时可自行查取。在使用积分表时，需已知 t 值。由图 2-4 和表 2-1 给出几个典型及其相应的超出或不超出 $|x|$ 的概率。

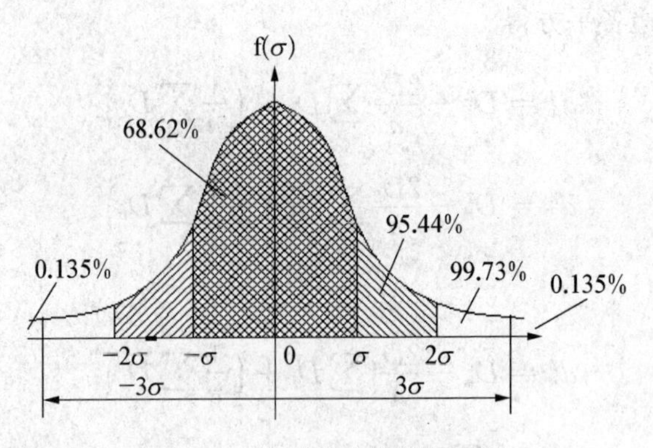

图 2-4　误差分布曲线的积分

由表 2-1 知,当 $t=3$,$|x|=3\sigma$ 时,在 370 次观测中只有一次测量的误差超过 3σ 范围。在有限次的观测中,一般测量次数不超过十次,可以认为误差大于 3σ,可能是由于过失误差或实验条件变化未被发觉等原因引起的。因此,凡是误差大于 3σ 的数据点予以舍弃。这种判断可疑实验数据的原则称为 3σ 准则。

表 2-1　误差概率和出现次数

t	$\|x\|=t\sigma$	不超出$\|x\|$的概率 $2\varphi(t)$	超出$\|x\|$的概率 $1-2\varphi(t)$	测量次数 n	超出$\|x\|$的测量次数
0.67	0.67σ	0.497 14	0.502 86	2	1
1	1σ	0.682 69	0.317 31	3	1
2	2σ	0.954 50	0.045 50	22	1
3	3σ	0.997 30	0.002 70	370	1
4	4σ	0.999 91	0.000 09	11 111	1

5. *函数误差*

上述讨论主要是直接测量的误差计算问题,但在许多场合下,往往涉及间接测量的变量,所谓间接测量是通过直接测量的量之间有一定的函数关系,并根据函数被测的量,如传热问题中的传热速率。因此,间接测量值就是直接测量得到的各个测量值的函数。其测量误差是各个测量值误差的函数。

(1) 函数误差的一般形式　在间接测量中,一般为多元函数,而多元函数可用下式表示:

$$y=f(x_1,x_2,\cdots,x_n) \tag{2-30}$$

式中,y 为间接测量值;x_i 为直接测量值。由泰勒级数展开得

$$\Delta y=\frac{\partial f}{\partial x_1}\Delta x_1+\frac{\partial f}{\partial x_2}\Delta x_2+\cdots+\frac{\partial f}{\partial x_n}\Delta x_n \tag{2-31}$$

或
$$\Delta y=\sum_{i=1}^{n}\frac{\partial f}{\partial x_i}\Delta x_i$$

此即绝对误差的传递公式。它的最大绝对误差为

$$\Delta y = \sum_{i=1}^{n}\left|\frac{\partial f}{\partial x_i}\Delta x_i\right| \tag{2-32}$$

式中，$\frac{\partial f}{\partial x_i}$ 为误差传递系数；Δx_i 为直接测量值的误差；Δy 为间接测量值的最大绝对误差。函数的相对误差 δ 为

$$\delta = \frac{\Delta y}{y} = \frac{\partial f}{\partial x_1}\frac{\Delta x_1}{y} + \frac{\partial f}{\partial x_2}\frac{\Delta x_2}{y} + \cdots + \frac{\partial f}{\partial x_n}\frac{\Delta x_n}{y} = \frac{\partial f}{\partial x_1}\delta_1 + \frac{\partial f}{\partial x_2}\delta_2 + \cdots + \frac{\partial f}{\partial x_n}\delta_n \tag{2-33}$$

(2) 某些函数误差的计算

① 函数 $y=x\pm z$ 绝对误差和相对误差

由于误差传递系数 $\frac{\partial f}{\partial x}=1$，$\frac{\partial f}{\partial z}=\pm 1$，则函数最大绝对误差与最大相对误差分别为

$$\Delta y = \pm(|\Delta x| + |\Delta z|) \tag{2-34}$$

$$\delta = \frac{\Delta y}{y} = \pm\frac{(|\Delta x| + |\Delta z|)}{x+z} \tag{2-35}$$

② 函数形式为 $y = K\frac{xz}{w}$，x、z、w 为变量

误差传递系数为 $\frac{\partial y}{\partial x}=\frac{Kz}{w}$，$\frac{\partial y}{\partial z}=\frac{Kx}{w}$，$\frac{\partial y}{\partial w}=-\frac{Kxz}{w^2}$，函数的最大绝对误差为

$$\Delta y = \left|\frac{Kz}{w}\Delta x\right| + \left|\frac{Kx}{w}\Delta z\right| + \left|\frac{Kxz}{w^2}\Delta w\right| \tag{2-36}$$

函数的最大相对误差为

$$\delta = \frac{\Delta y}{y} = \left|\frac{\Delta x}{x}\right| + \left|\frac{\Delta z}{z}\right| + \left|\frac{\Delta w}{w}\right| \tag{2-37}$$

现将某些常用函数的最大绝对误差和最大相对误差列于表 2-2 中。

表 2-2　某些函数的误差传递公式

函数式	误差传递公式	
	最大绝对误差 Δy	最大相对误差 δ_r
$y=x_1+x_2+x_3$	$\Delta y=\pm(\|\Delta x_1\|+\|\Delta x_2\|+\|\Delta x_3\|)$	$\delta=\Delta y/y$
$y=x_1+x_2$	$\Delta y=\pm(\|\Delta x_1\|+\|\Delta x_2\|)$	$\delta=\Delta y/y$
$y=x_1x_2$	$\Delta y=\pm(\|x_1\Delta x_2\|+\|x_2\Delta x_1\|)$	$\delta=\pm\left(\left\|\frac{\Delta x_1}{x_1}+\frac{\Delta x_2}{x_2}\right\|\right)$
$y=x_1x_2x_3$	$\Delta y=\pm(\|x_1x_2\Delta x_3\|+\|x_1x_3\Delta x_2\|+\|x_2x_3\Delta x_1\|)$	$\delta=\pm\left(\left\|\frac{\Delta x_1}{x_1}+\frac{\Delta x_2}{x_2}+\frac{\Delta x_3}{x_3}\right\|\right)$
$y=x^n$	$\Delta y=\pm(nx^{n-1}\Delta x)$	$\delta=\pm\left(n\left\|\frac{\Delta x}{x}\right\|\right)$

（续表）

函数式	误差传递公式	
	最大绝对误差 Δy	最大相对误差 δ_r
$y=\sqrt[n]{x}$	$\Delta y=\pm\left(\frac{1}{n}x^{\frac{1}{n}-1}\Delta x\right)$	$\delta=\pm\left(\frac{1}{n}\left\|\frac{\Delta x}{x}\right\|\right)$
$y=x_1/x_2$	$\Delta y=\pm\left(\frac{x_2\Delta x_1+x_1\Delta x_2}{x_2^2}\right)$	$\delta=\pm\left(\left\|\frac{\Delta x_1}{x_1}+\frac{\Delta x_2}{x_2}\right\|\right)$
$y=cx$	$\Delta y=\pm\|c\Delta x\|$	$\delta=\pm\left(\left\|\frac{\Delta x}{x}\right\|\right)$
$y=\lg x$	$\Delta y=\pm\left\|0.4343\frac{\Delta x}{x}\right\|$	$\delta=\Delta y/y$
$y=\ln x$	$\Delta y=\pm\left\|\frac{\Delta x}{x}\right\|$	$\delta=\Delta y/y$

误差分析的目的在于计算所测数据的真值或最佳值的范围，并判定其准确性或误差。整理一组实验数据时，一般按以下步骤进行：

(1) 求出该组测量值的算术平均值。

根据随机误差符合正态分布的特点，可知算术平均值是该组测量值的最佳值或真值。

(2) 计算各测量值的绝对误差和相对误差。

(3) 确定各测量值的最大可能误差，并验证各测量值的误差不大于最大可能误差。

按照随机误差正态分布函数可知，一个测量值的绝对误差出现在$\pm 3\sigma$范围内的概率为99.7%，即出现在$\pm 3\sigma$范围外的概率是极小的(0.3%)，故以$\pm 3\sigma$为最大可能误差，超出$\pm 3\sigma$的误差已不属于随机误差，而是过失误差，因此该数据应予剔除。

(4) 在满足第(3)条件后，再确定其算术平均值的标准差。

根据误差传递方程，算术平均值的标准差为

$$\sigma_m=\frac{\sigma}{\sqrt{n}} \tag{2-38}$$

最佳值及其误差可表示为$A=\overline{x}\pm\sigma_m$。

2.2 实验数据处理

通常，实验的结果最初是以数据的形式表达的，第一节主要讨论实验数据的测量及有效值的选取问题。对实验而言，其最终目的是通过这些数据寻求其中的关系，必须对实验数据作进一步的整理，并将其归纳成为图表或者经验公式，使人们清楚地观察到各变量之间的定量关系，以便进一步分析实验现象，提出新的研究方案或得出规律，指导生产与设计。因此，需要将这些数据以适宜的方式表示出来，目前，常选用的方法有列表法、图示法和方程表示法三种。

一、实验数据的整理方法

(一) 列表法

将实验直接测定的数据,或根据测量值计算得到的数据,按照自变量和因变量的关系以一定的顺序列出数据表格,即为列表法。在拟定记录表格时应注意以下问题:

(1) 单位应在名称栏中详细标明,尽量不要和数据写在一起。

(2) 同一列的数据必须真实反映仪表的精确度,即数字写法应注意有效数字的位数。

(3) 对于数量级很大或很小的数,在名称栏中应乘以适当的倍数。例如:$Re=25\,300$,用科学计数法表示为 $Re=2.53\times10^4$。列表时,项目名称写为 $Re\times10^{-4}$,数据表中数字则写为 2.53,这种情况在化工数据表中经常遇到。在这样表示的同时,还要注意有效数字位数的保留,不要轻易放弃有效数位。

(4) 整理数据时应尽可能将计算过程中始终不变的物理量归纳为常数,避免重复计算,如在离心泵特定曲线的测定实验中,泵的转数为恒定值,可直接记为 $n=2\,900$ r/min。

(5) 在实验数据归纳表中,应详细地列明实验过程记录的原始数据及通过实验过程要求得到的实验结果,同时,还应列出实验数据计算过程中较为重要的中间数据。如在传热实验中,空气流量就是计算过程中一个重要的数据,也应将其列入数据表中。

(6) 在实验数据表格的后面,要附以数据计算示例,从数据表中任选一组数据,举例说明所用的计算公式与计算方法,表明各参数之间的关系,以便阅读或进行校核。

(7) 科学实验中,记录表格要规范,原始数据要书写清楚整齐,修改时宜用单线将错误的划掉,将正确的写在下面。要记录各种实验条件,并妥善保管。

在化工实验过程中,列表法的应用十分广泛,常用于记录原始数据及汇总实验结果,为进一步绘图、回归公式及建立模型提供方便。

过滤实验的数据见表 2-3,在表中分别列出了实验过程的原始数据、计算过程的中间数据和实验结果。

1. 测量参数

计量桶滤液高度:mm;滤液每上升 10 mm 所用时间:s

2. 数据记录及处理

表 2-3 实验数据记录

序号	高度	Δq (m^3/m^2)	0.05 MPa			0.10 MPa			0.15 MPa		
			时间(s)	$\Delta\theta$(s)	$\Delta\theta/\Delta q$	时间(s)	$\Delta\theta$(s)	$\Delta\theta/\Delta q$	时间(s)	$\Delta\theta$(s)	$\Delta\theta/\Delta q$
1											
2											
…											
11											

表 2-4 实验数据处理结果

序号	斜率	截距	压差(Pa)	$K(m^3/m^2 \cdot s)$	$q_e(m^3/m^2)$	$\theta_e(s)$
1						
2						
3						
物料常数 k=			;压缩指数 s=			

（二）图示法

列表法一般难于直接观察到数据间的规律，故常需将实验结果用图形表示，这样将变得简明直观，便于比较，容易看出数据中的极值点、转折点、周期性、变化率以及其他特性，易于显示结果的规律性或趋向。准确的图形还可以在不知数学表达式的情况下进行微积分运算，因此得到广泛的应用。作图过程中应遵循一些基本准则，否则将得不到预期的结果，甚至会出现错误的结论。作曲线图时必须依据一定的准则（如下面介绍的），只有遵守这些准则，才能得到与实验点位置偏差最小而光滑的曲线图形。以下是关于化学工程实验中正确作图的一些基本准则。

1. 图纸的选择

在绘图过程中，常用的图纸有直角坐标纸、单对数坐标纸和双对数坐标纸等。要根据变量间的函数关系，选定一种坐标纸。坐标纸的选择方法如下：

对于符合方程 $y=ax+b$ 的数据，直接在直角坐标纸上绘图即可，可画出一条直线。

对于符合方程 $y=k^{ax}$ 的数据，经两边取对数可变为 $\lg y=ax\cdot\lg k$，在单对数坐标纸上绘图，可画出一条直线。

对于符合方程 $y=ax^m$ 的数据，经两边取对数可变为 $\lg y=\lg a+m\lg x$，在双对数坐标纸上，可画出一条直线。

当变量多于两个时，如 $y=f(x,z)$，在作图时，先固定一个变量，可以先固定 z 值求出 $(y-x)$ 关系，这样可得每个 z 值下的一组图线。例如，在做填料吸收塔的流体力学特性测定时，就是采用此标绘方法，即相应于各喷淋量 L，在双对数坐标纸上标出空塔气速 u 和单位填料层压降 $\Delta p/z$ 的关系图线。

此外，某变量最大值与最小值数量级相差很大时，或自变量 x 从零开始逐渐增加的初始阶段，x 少量增加会引起因变量极大变化，均可采用对数坐标。

2. 坐标的分度

坐标分度指每条坐标轴所代表的物理量大小，即选择适当的坐标比例尺。一般取独立变量为 x 轴，因变量为 y 轴，在两轴侧要标明变量名称、符号和单位。坐标分度的选择，要能够反映实验数据的有效数字位数，即与被标的数值精度一致。分度的选择还应使数据容易读取。而且分度值不一定从零开始，以使所得图形能占满全幅坐标纸，匀称居中，避免图形偏于一侧。若在同一张坐标纸上，同时标绘几组测量值或计算数据，应选用不同符号加以区分（如使用 *、·、○等）。在按点描线时，所绘图形可为直线或曲线，但所绘线形应是光滑的，且应使尽量多的点落于线上，若有偏离线上的点，应使其均匀地分布在线的两侧。对数坐标系的选用，与直角坐标系的选用稍有差异，在选用时应注意以下几点问题。

某点与原点的距离为该点表示量的对数值，但是该点标在对数坐标轴上的值是真值，而不是对数值；对数坐标原点为(1,1)，而不是(0,0)；由于 0.01,0.1,1,10,100 等数的对数分别为−2，−1，0，1，2 等，所以在对数坐标纸上每一数量级的距离是相等的，但在同一数量级内的刻度并不是等分的。

选用对数坐标系时，应严格遵循图纸表明的坐标系，不能随意将其旋转及缩放使用。对数坐标系上求直线斜率的方法与直角坐标系不同，因在对数坐标系上的坐标值是真值而不是对数值。所以，需要转化成对数值计算，或直接用尺子在坐标纸上量取线段长度求取。

在双对数坐标系上，直线与 $x=1$ 处的纵轴相交点的 y 值，即为方程 $y=ax^m$ 中的系数值 a。若所绘制的直线在图面上不能与 $x=1$ 处的纵轴相交，则可在直线上任意取一组数据 x 和 y 代入原方程 $y=ax^m$ 中，通过计算求得系数值 a。

(三) 方程表示法

为工程计算的方便，通常需要将实验数据或计算结果用数学方程或经验公式的形式表示出来。在化学工程中，经验公式通常表示成无量纲的数群或准数关系式。遇到的问题大多是如何确定公式中的常数或系数。经验公式或准数关系式中的常数和系数的求法很多，最常用的是图解求解法和最小二乘法。

1. 图解求解法

用于处理能在直角坐标系上直接标绘成一条直线的数据，很容易求出直线方程的常数和系数。在绘制图形时，有时两个变量之间的关系并不是线性的，而是符合某种曲线关系，为了能够比较简单地找出变量间的关系，以便回归经验方程和对其进行数据分析，常将这些曲线进行线性化。通常，可线性化的曲线包括六大类，详见表 2-5。

表 2-5　可线性化的曲线

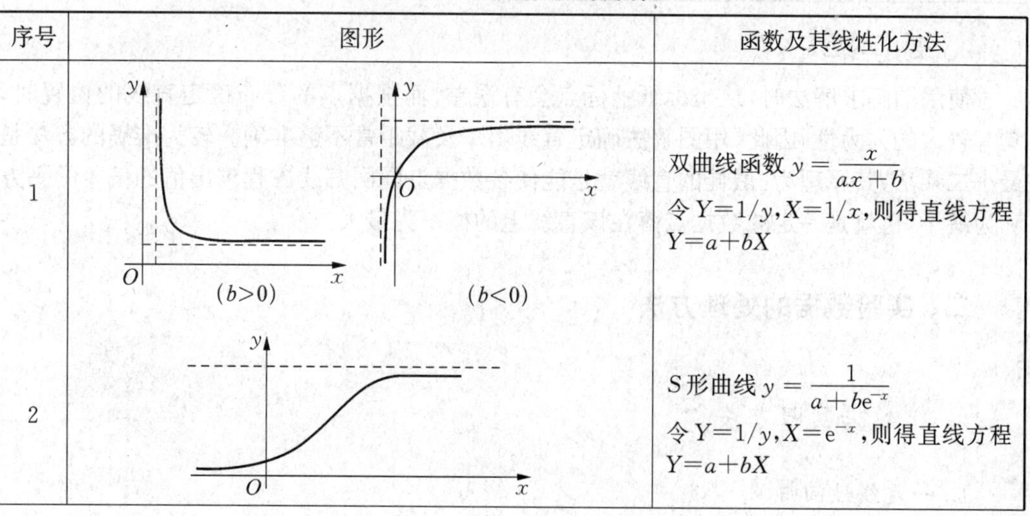

序号	图形	函数及其线性化方法
1	(b>0)　(b<0)	双曲线函数 $y=\dfrac{x}{ax+b}$ 令 $Y=1/y, X=1/x$，则得直线方程 $Y=a+bX$
2		S 形曲线 $y=\dfrac{1}{a+be^{-x}}$ 令 $Y=1/y, X=e^{-x}$，则得直线方程 $Y=a+bX$

（续表）

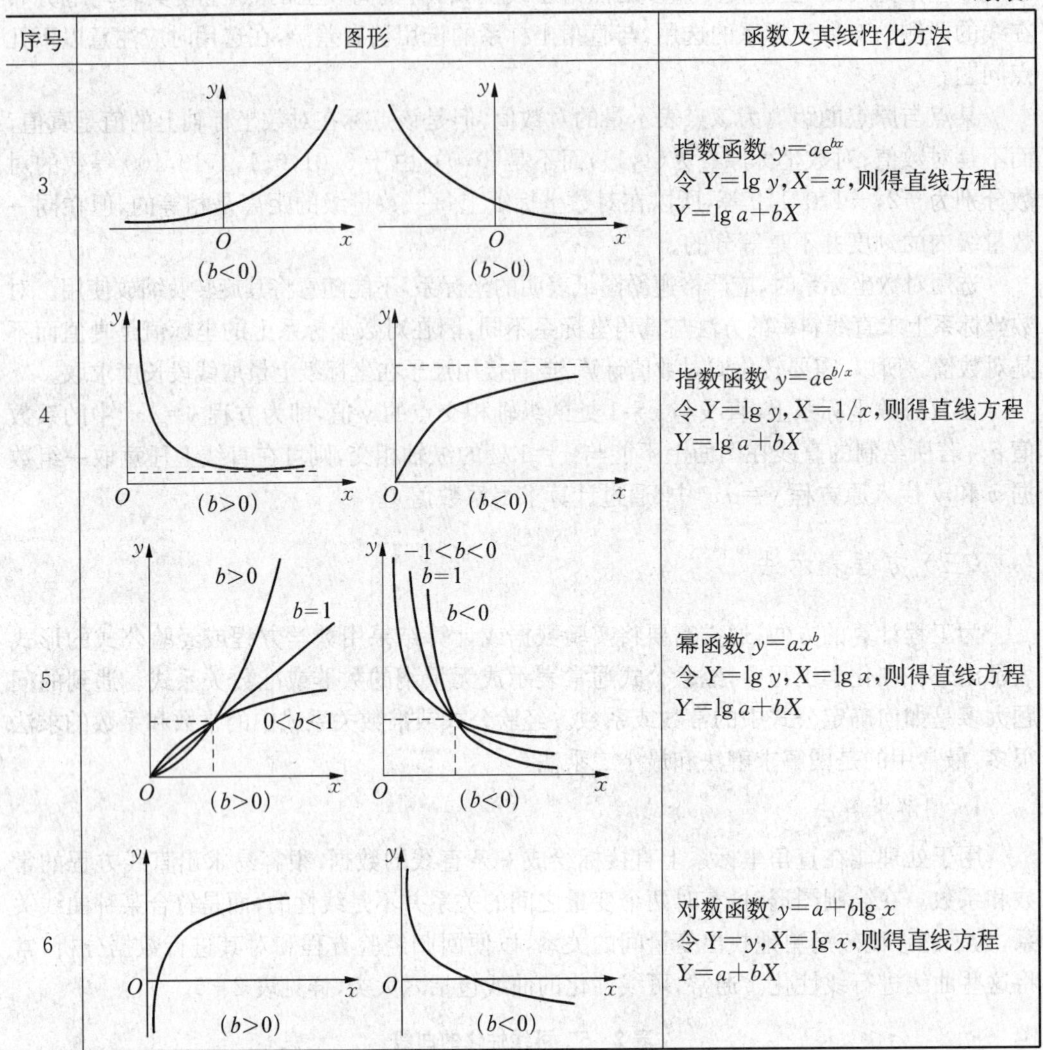

序号	图形	函数及其线性化方法
3	$(b<0)$　$(b>0)$	指数函数 $y=ae^{bx}$ 令 $Y=\lg y, X=x$，则得直线方程 $Y=\lg a+bX$
4	$(b>0)$　$(b<0)$	指数函数 $y=ae^{b/x}$ 令 $Y=\lg y, X=1/x$，则得直线方程 $Y=\lg a+bX$
5	$b>0$, $b=1$, $0<b<1$ $(b>0)$　$-1<b<0$, $b=1$, $b<0$ $(b<0)$	幂函数 $y=ax^b$ 令 $Y=\lg y, X=\lg x$，则得直线方程 $Y=\lg a+bX$
6	$(b>0)$　$(b<0)$	对数函数 $y=a+b\lg x$ 令 $Y=y, X=\lg x$，则得直线方程 $Y=a+bX$

2. 最小二乘法

使用图解求解法时，从坐标纸上标点会有误差，而根据点的分布确定直线的位置时，具有较大的人为性，因此，用图解法确定直线斜率及截距常不够准确。较为准确的方法是最小二乘法，其原理为：最佳的直线就是能使各数据点同回归线方程求出值的偏差的平方和为最小，也就是一定的数据点落在该直线上的概率为最大。

二、实验数据的处理方法

（一）数据回归方法

1. 一元线性回归

一元回归是处理两个变量之间关系的方法，通过分析得到经验公式，若变量之间为线性关系，则称为一元线性回归，这是工程和科学研究中经常遇到的回归处理方法。下面具体推导其表达式。

已知 n 个实验数据点 $(x_1, y_1), (x_2, y_2), \cdots, (x_n, y_n)$。设最佳线性函数关系式为 $y' = b_0 + b_1 x$，则根据此式，n 组 x 值可计算出各组对应的 y' 值。

$$y'_1 = b_0 + b_1 x_1, y'_2 = b_0 + b_1 x_2, \cdots, y'_n = b_0 + b_1 x_n$$

而实际测量时，每个 x 值所对应的值为 $y_1, y_2, \cdots, y_n$，所以每组实验值与对应的计算值 y' 的偏差 d 应为

$$d_1 = y_1 - y'_1 = y_1 - (b_0 + b_1 x_1)$$

$$d_2 = y_2 - y'_2 = y_2 - (b_0 + b_1 x_2)$$

$$\cdots$$

$$d_n = y_n - y'_n = y_n - (b_0 + b_1 x_n)$$

按照最小二乘法原理，测量值与真值之间的偏差平方和为最小。$\sum_{i=1}^{n} d_i^2$ 最小的必要条件是

$$\frac{\partial\left(\sum_{i=1}^{n} d_i^2\right)}{\partial b_0} = 0, \frac{\partial\left(\sum_{i=1}^{n} d_i^2\right)}{\partial b_1} = 0 \tag{2-39}$$

展开得

$$\frac{\partial\left(\sum_{i=1}^{n} d_i^2\right)}{\partial b_0} = -2\sum_{i=1}^{n}[y_i - (b_0 + b_1 x_i)] = 0,$$

$$\frac{\partial\left(\sum_{i=1}^{n} d_i^2\right)}{\partial b_1} = -2\sum_{i=1}^{n}[y_i - (b_0 + b_1 x_i)]x_i = 0$$

写成合式

$$\begin{cases} \sum_{i=1}^{n} y_i - nb_0 - b_1 \sum_{i=1}^{n} x_i = 0 \\ \sum_{i=1}^{n} x_i y_i - b_0 \sum_{i=1}^{n} x_i - b_1 \sum_{i=1}^{n} x_i^2 = 0 \end{cases} \tag{2-39'}$$

联立解得

$$b_0 = \frac{\sum_{i=1}^{n} x_i y_i \sum_{i=1}^{n} x_i - \sum_{i=1}^{n} y_i \sum_{i=1}^{n} x_i^2}{\left(\sum_{i=1}^{n} x_i\right)^2 - n\sum_{i=1}^{n} x_i^2}, b_1 = \frac{\sum_{i=1}^{n} x_i \sum_{i=1}^{n} y_i - n\sum_{i=1}^{n} x_i y_i}{\left(\sum_{i=1}^{n} x_i\right)^2 - n\sum_{i=1}^{n} x_i^2} \tag{2-40}$$

由此求得截距为 b_0，斜率为 b_1 的直线方程，就是关联各实验点的最佳直线。

在解决如何回归直线以后，还存在检验回归得到的直线有无意义的问题。在此引入一个称为相关系数(r)的统计量，用来判断两个变量之间的线性相关程度，其定义式为

$$r=\frac{\sum_{i=1}^{n}(x_i-\overline{x})(y_i-\overline{y})}{\sqrt{\sum_{i=1}^{n}(x_i-\overline{x})^2\sum_{i=1}^{n}(y_i-\overline{y})^2}} \tag{2-41}$$

在概率中可证明，任意两个随机变量的相关系数的绝对值不大于1，即$0\leqslant|r|\leqslant 1$。

相关系数r的物理意义为：表示两个随机变量x和y的线性相关程度。当$r=1$时，即实验值全部落在直线$y'=b_0+b_1x$上。此时称为完全相关；当r越接近l时，即实验值越靠近直线$y'=b_0+b_1x$，变量y、x之间的关系越近于线性关系；当$r=0$时，变量间完全没有线性关系；但当r很小时，表现的虽不是线性关系，但不等于就不存在其他关系。

在了解了一元线性回归的基本方法与原理后，可以采用计算机辅助手段完成计算过程，相关内容参见有关手册，此处不再叙述。

2. 多元线性回归

前面仅讨论两个变量的回归问题，其中因变量只与一个自变量有关，这是较简单的情况。在大多数的实际问题中，影响因变量的因数不是一个而是多个，称这类回归为多元回归分析。如果y与$x_1,x_2,\cdots,x_n$之间的关系是线性的，则其数学模型为

$$y'=b_0+b_1x_1+b_2x_2+\cdots+b_nx_n \tag{2-42}$$

多元线性回归的原理与一元线性回归完全相同，就是根据实验数据，求出适当的待定常数$b_0,b_1,\cdots,b_n$，但在计算上却要复杂得多，用高斯消去法或其他方法求解，具体可参照有关手册。以上方法一般用计算机计算，除非自变量及实验数据较少，才采用手算的方法。

3. 非线性回归

实际问题中变量间的关系很多属于非线性的，如指数函数、对数函数、双曲线函数等，处理这些非线性函数的主要方法是将其转化为线性函数。

(1) 一元非线性回归　前面在数据整理方法中已经介绍了指数函数、幂函数等六大类函数的线性化问题，即先利用变形方法，将其转化为线性关系，然后用最小二乘法进行一元线性回归，得到其关联式。

(2) 多项式回归　在化学工程中，为了便于查找和计算，对于常用的物性参数，通常将其回归成多项式。

多项式回归在回归问题中占特殊地位，由数学理论可知，对于任意函数至少在一个比较小的范围内可用多项式逼近。因此，通常在比较复杂的问题中，就可不问变量与各因数的确切关系，而用多项式回归进行分析计算。在化学工程实验中，一些物性数据随温度的变化，以及测温元件中，温度与热电势、温度与电阻值的变化关系，常用多项式表达。

(3) 多元非线性回归　一般也是将多元非线性函数化为多元线性函数，其方法同一元非线性函数。如圆形直管内强制湍流时的对流传热关联式为

$$Nu=aRe^mPr^n$$

方程两端取对数得

$$\lg Nu=\lg a+m\lg Re+n\lg Pr$$

令 $Y=\lg Nu, b_0=\lg a, X_1=\lg Re, X_2=\lg Pr, b_1=m, b_2=n$,则可转化为

$$Y=b_0+b_1X_1+b_2X_2$$

由此可按多元线性回归方法处理。

（二）数值计算方法

在化学工程中,除了数据的回归与拟合,还经常遇到的一类问题就是定积分的数值计算,例如:传热过程中传热推动力的计算、吸收过程中传质系数的求取等。对于定积分的计算问题,一般利用图解积分或数值计算方法求得近似值。较为常用的数值计算方法有复式辛普森积分法。

第三章　化工基本物理量的测量

在化工、轻工、炼油等工业生产和实验研究中，经常测量的量有压力、流量、温度等。用来测量这些参数的仪表称为化工测量仪表。不论是选用、购买或自行设计，要做到使用合理，必须对测量仪表有一个初步的了解。它们的准确度如何对实验结果影响最大，而且仪表的选用必须符合工作的需要，选用或设计合理，既可节省投资，还能获得满意的结果。本章对压力、流量、温度测量时所用的仪表的原理、特性及安装应用作简要的介绍。

3.1　压力(差)测量

在化工生产和实验中，经常遇到液体静压强的测量问题，例如考察液体流动阻力、用节流式流量计测量流量、化工过程的操作压力或真空度等。流体压强测量可分为流体静压测量和流体总压测量，前者可采用在管道或设备壁面上开孔测压的方法，也可以将静压管插入流体中，并使管子轴线与来流方向垂直，即测压管端面与来流方向平行的方向测压(例如柏努利方程实验中静压头 $H_{静}$ 的测量)；后者可用总压管(亦称 P_{itot})的办法。本书着重讨论如何正确测量流体的静压。

常用的测量压力的仪表很多，按其工作原理大致可分为四大类：

(1) 液柱式压差计　它是根据流体静力学原理，把被测压力转换成液柱高度。利用这种方法测量压力的仪表有U形管压差计、倒U型压差计、单管压差计和斜管压差计、微差压差计等。

(2) 弹簧式压力计　它是根据弹性元件受力变形的原理，将被测压力转换成位移，利用这种方法测量的仪表主要有弹簧管压力计等。

(3)电气式压力计　它是将被测压力转换成各种电量，根据电量的大小而实现压力的间接测量。

(4) 活塞式压力计　它是根据水压机液体传递压力的原理，将被测量压力换成活塞面积上所加平衡砝码的重量，它普遍地被作为标准仪器用来对弹簧管压力表进行校验和刻度。

现将化工实验中常见的压力计作一介绍：

一、液柱式压差计

液柱式压差计是基于流体静力学原理设计的。其结构比较简单，精度较高。既可用于测量流体的压强，也可用于测量流体的压差。其基本形式如下：

1. U形管压差计

U形管压差计的结构如图3-1所示，它用一根粗细均匀的玻璃管弯制而成，也可用二根粗细相同的玻璃管做成连通器形式。内装有液体作为指示液，U形管压差计两端连接两个测压点，当U形管两边压强不同时，两边液面便会产生高度差R，根据流体静压力学基本方程可知：

$$P_1 + Z_1\rho g + R\rho g = P_2 + Z_2\rho g + R\rho_0 g$$

当被测管段水平放置时($Z_1 = Z_2$)，上式简化为：

$$\Delta P = P_1 - P_2 = (\rho_0 - \rho)gR \qquad (3-1)$$

式中：ρ_0为U形管内指示液的密度，kg/m^3；ρ为管路中流体密度，kg/m^3；R为U形管指示液两边液面差，m。

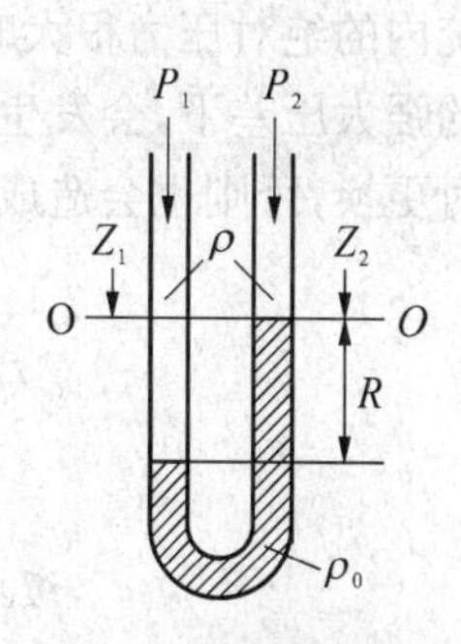

图3-1 U形管压差计

U形管压差计常用的指示液为汞和水。当被测压差很小，且流体为水时，还可用氯苯($\rho_{20℃} = 1\ 106\ kg/m^3$)和四氯化碳($\rho_{25℃} = 1\ 584\ kg/m^3$)作指示液。

记录U管读数时，正确方法应该是：同时指明指示液和待测流体名称。例如待测流体为水，指示液为汞，液柱高度为50 mm时，R的读数应为：$R = 50$ mm(Hg—H_2O)

若U形管一端与设备或管道连接，另一端与大气相通，这时读数所反映的是管道中某截面处流体的绝对压强与大气压之差，即为表压强。若指示液为水，因为其密度远大于空气，则$P_{表} = (\rho_{H_2O} - \rho_{air})gR = \rho_{H_2O}gR$。

(1) 使用U管压差计时，要注意每一具体条件下液柱高度读数的合理下限。

若被测压差稳定，根据刻度读数一次所产生的绝对误差为0.75 mm，读取一个液柱高度值的最大绝对误差为1.5 mm。如要求测量的相对误差≤3%，则液柱高度读数的合理下限为1.5/0.03=50 mm。

若被测压差波动很大，一次读数的绝对误差将增大，假定为1.5 mm，读取一次液柱高度值的最大绝对误差为3 mm，测量的相对误差≤3%，则液柱高度读数的合理下限为3/0.03=100 mm，当实测压差的液柱减小至30 mm时，则相对误差增大至3/30=10%。

(2) 跑汞问题：汞的密度很大，作为U形管指示液是很理想的，但容易跑汞，污染环境。防止跑汞的主要措施有：

(a) 设置平衡阀(如图3-2所示)，在每次开动泵或风机之前让它处于全开状态。读取读数时，才将它关闭。

(b) 在U形管两边上端设有球状缓冲室(如图3-3所示)，当压差过大或出现操作故障时，管内的水银可全部聚集于缓冲室中，使水从水银液中穿过，避免跑汞现象的发生。

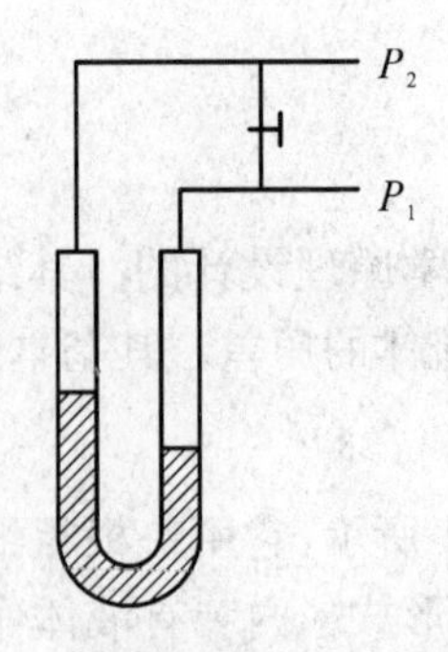

图 3-2 设有平衡阀的 U 形管压差计

(c) 把 U 形管和导压管的所有接头捆牢。当 U 管测量流动系流两点间压力差或系统内的绝对压力很大时，U 管或导压管上若有接头突然脱开，则在系统内部与大气之间的强大压差下，会发生跑汞。当连接管接头为橡胶管时，因橡胶管易老化破裂，所以要及时更换，否则也会造成跑汞现象。

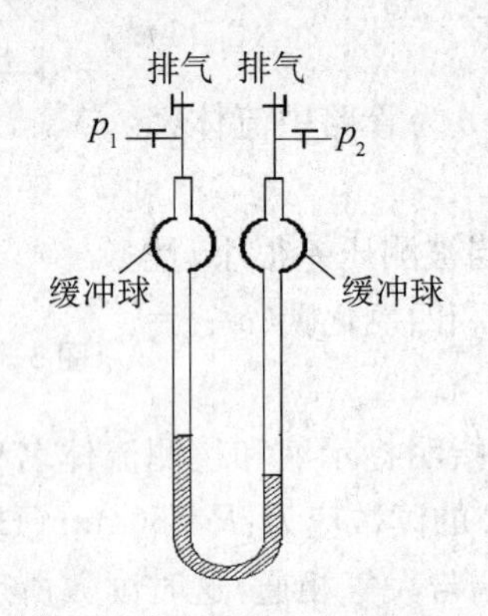

图 3-3 设有缓冲球的压差计

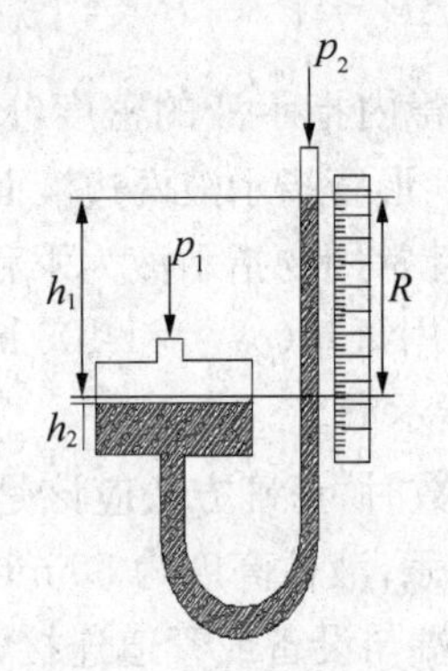

图 3-4 单管压差计

2. 单管压差计

单管压差计是 U 形管压差计的变形，用一只杯形代替 U 形管压差计中的一根管子，如图 3-4 所示。由于杯的截面 $S_{杯}$ 远大于玻璃管的截面 $S_{玻}$（一般情况下 $S_{杯}/S_{玻} \geqslant 200$），所以其两端有压强差时，根据等体积原理，细管一边的液柱升高值 h_1 远大于杯内液面下降 h_2，即 $h_1 \gg h_2$，这样 h_2 可忽略不计，在读数时只需读一边液柱高度，误差比 U 形管压差计减少一半。

3. 倾斜式压差计

倾斜式压差计是将 U 形管压差计或单管压差计的玻璃管与水平方向作 α 角度的倾斜。它使读数放大了 $1/\sin\alpha$ 倍，即使 $R' = R/\sin\alpha$。如图 3-5 所示。

Y-61 型倾斜微压计是根据此原理设计制造的。其结构如图 3-6 所示。微压计用密度为 0.81 的酒精作指示液，不同倾斜角的正弦值以相应的 0.2，0.3，0.4 和 0.5 数值，标刻在微压计的弧形支架上，以供使用时选择。

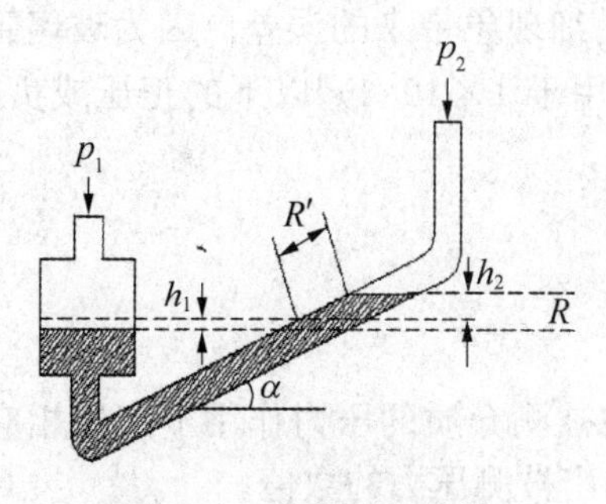

图 3-5　倾斜式压差计

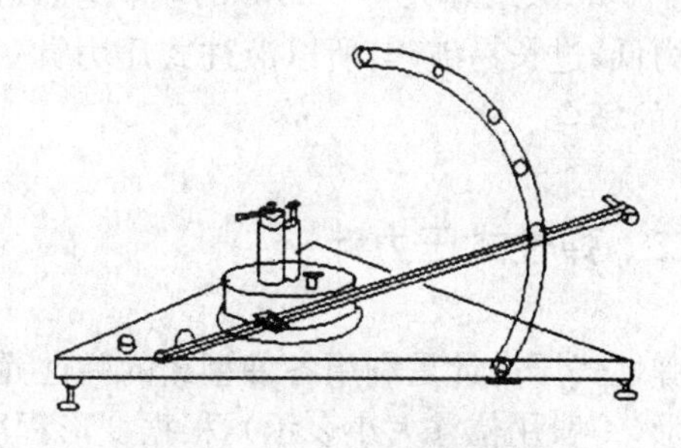

图 3-6　Y-61 型倾斜微压计

4. 倒 U 形管压差计

倒 U 形管压差计的结构如图 3-7 所示，这种压差计的特点是：以空气为指示液，适用于较小压差的测量。

使用时也要排气，操作原理同 U 形管压差计相同，在排气时 3、4 两个旋塞全开。排气完毕后，调整倒 U 形管内的水位，如果水位过高，关 3、4 旋塞。可打开上旋塞 5，以及下部旋塞；如果水位过低，关闭 1.2 旋塞，打开顶部旋塞 5 及 3 或 4 旋塞，使部分空气排出，直至水位合适为止。

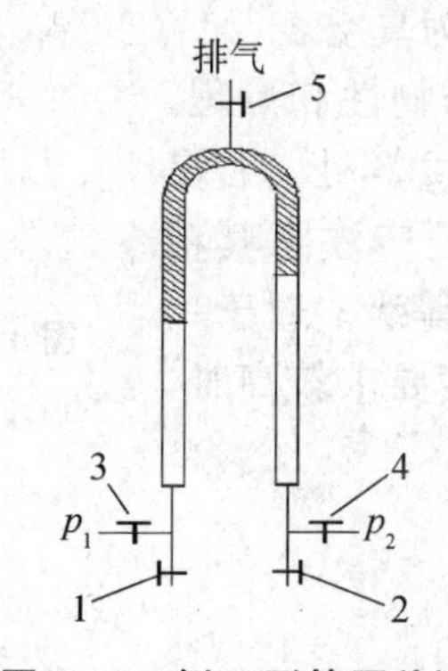

图 3-7　倒 U 形管压差计

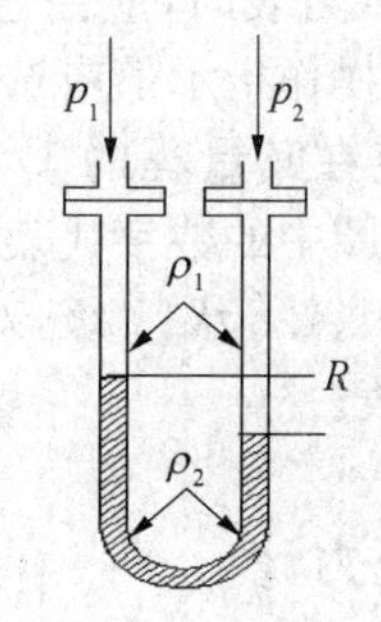

图 3-8　双液微压计

5. 双液微压计

这种压差计用于测量微小压差，如图 3-8 所示。它一般用于测量气体压差的场合，其特点是 U 形管中装有 A、C 两种密度相近的指示液，且 U 管两臂上设有一个截面积远大于管截面积的“扩大室”。

由静力学基本方程得：

$$\Delta P = P_1 - P_2 = R(\rho_A - \rho_C)g \tag{3-2}$$

当 ΔP 很小时，为了扩大读数 R，减小相对读数误差，可通过减小 $\rho_1 - \rho_2$ 来实现，所以对两指示液的要求是尽可能使两者密度相近，且有清晰的分界面，工业上常以石蜡油和工业酒精，实验中常用的有氯苯、四氯化碳、苯甲基醇和氯化钙浓液等，其中氯化钙浓液的密度可以用不同的浓度来调节。

当玻璃管径较小时，指示液易与玻璃管发生毛细现象，所以液柱式压力计应选用内径不小于 5 mm(最好大于 8 mm)的玻璃管,以减小毛细现象带来的误差。因为玻璃管的耐压能力低,过长易破碎,所以液柱式压力计一般仅用于 1×10^5 Pa 以下的正压或负压(或压差)的场合。

二、弹性式压力计

弹性式压力计是利用各种型式的弹性元件,在被测介质的压力作用下产生相应的弹性变形(一般用位移大小表示),根据变形程度来测出被测压力的数值。

弹性元件不仅是弹性式压力计的感测元件,也常用作气动单元组合仪表的基本组成元件,应用较广,常用的弹性元件有:单圈弹簧管、双圈弹簧管、纹膜片和纹管等。

根据弹性元件的不同型式,弹性压力计可以分为相应类型。目前实验室中最常见的是弹簧管压力表(又称波登管压力表)。它的测量范围宽,应用广泛。其结构如图 3-9 所示。

弹簧管压力计的测量元件是一根弯成 270°圆弧的椭圆截面的空心金属管,其自由端封闭,另一端与测压点相接。当通入压力后,由于椭圆形截面在压力作用下趋向圆形,弹簧管随之产生向外挺直的扩张变形——产生位移,此位移量由封闭着的一端带动机械传动装置,使指针显示相应的压力值。该压力计用于测量正压时,称为压力表,测量负压时,称为真空表。

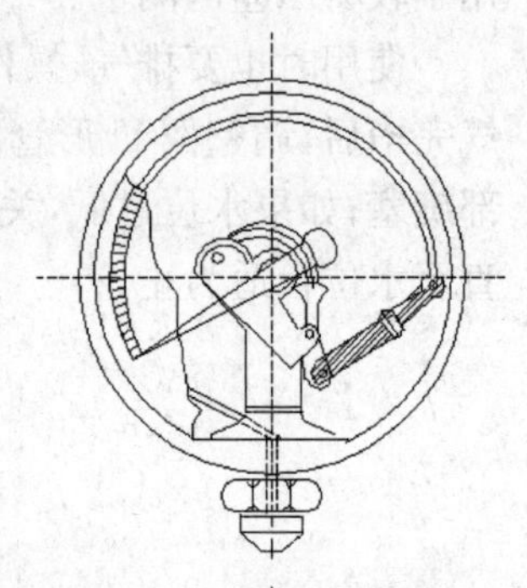

图 3-9 弹簧管压差计

在选用弹簧管压力表时,应注意工作介质的物性和量程。操作压力较稳定时,操作指示值应选在其量程的 2/3 处。若操作压强经常被动,应在其量程的 1/2 处。同时还应注意其精度,在表盘下方小圆圈中的数字代表该表的精度等级。对于一般指示常使用 2.5 级、1.5 级、1 级,对于测量精度要求较高时,可用 0.4 级以上的表。

三、电气式压力计

电气式压力计一般是将压力的变化转换成电阻、电感或电势等电量的变化,从而实现压力的间接测量。这种压力计反应较迅速,易于远距离传送,在测量压力快速变化、脉动压力、高真空、超高压的场合较合适。

1. 膜片压差计

膜片压差计测压弹性元件是平面膜片或柱状的波纹管,受压力后引起变形和位移,经转换变成电信号远传指示,从而实施压强或压差的测量。图 3-10 所示为 CMD 型电子膜片压差计。

当流体的压强传递到紧压于法兰盘间的弹性膜时,膜受压,其中部向左(右)移动,此项位移带动差动变压器线圈内的铁心移动,通过电磁感应将膜片的行程转换为电信号,再通过电路用动圈式毫伏计显示出来。为了避免压差太大或操作失误时损坏膜片,装有保护挡板 2,当一侧压差太大时,保护挡板压紧在该侧橡皮片 *b* 上,从而关闭膜片与高压的通道,使膜片不致超压。这种压差计可代替 U 形水银管,消除水银污染,信号又可远传,但精确变化比 U 形管差。

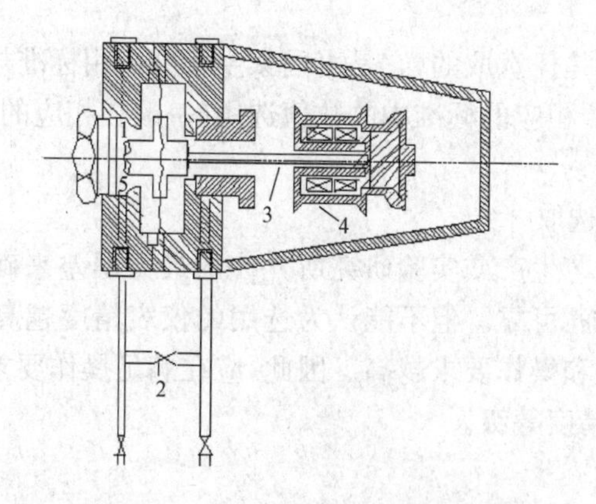

图 3-10　CMD 型电子膜片压差计

1—膜片；2—保护挡板；3—铁心；4—差动变压器线圈；5—平衡阀

2. 压变片式压力变送器

此变送器是利用应变片作为转换元件，将被测压力 P 转换成应变片的电阻值变化，然后经过桥式电流得到毫伏级的电量输出。

应变片是由金属导体或半导体材料制成的电阻体，其电阻 R 随压力 P 所产生的应变而变化。假如将两片应变片分别以轴向与径向两方向固定在圆筒上，圆筒内通以被测压力 P，由于在压力 P 作用下圆筒产生应变，并且沿轴向和径向的应变值不一样，引起 r_1、r_2 数值发生了变化。r_1、r_2 和固定电阻 r_3、r_4 组成测量桥路，当 $r_1=r_2$ 时，桥路平衡，输出电压 $\Delta U=0$，当 r_1 与 r_2 数值不等时，测量桥路失去平衡，输出电压 ΔU，应变式压力变送器就是根据 ΔU 随压力 P 变化来实现压力的间接测量。

四、流体压力测量中的技术要点

1. 压力计的正确选用

(1) 仪表类型的选用

仪表类型的选用必须满足工艺生产或实验研究的要求，如是否需要远传变送、报警或自动记录等，被测介质的物理化学性质和状态（如粘度大小、温度高低、腐蚀性、清洁程度等）是否对测量仪表提出特殊要求，周围环境条件（诸如温度、湿度、振动等）对仪表类型是否有特殊要求等。总之，正确选用仪表类型是保证安全生产及仪表正常工作的重要前提。

(2) 仪表的量程范围应符合工艺生产和实验操作的要求

仪表的量程范围是指仪表刻度的下限值到上限值，它应根据操作中所需测量的参数大小来确定。测量压力时，为了避免压力计超负荷而被破坏，压力计的上限值应该高于实际操作中可能的最大压力值。对于弹性式压力计，在被测压力比较稳定的情况下，其上限值应为被测最大压力的 4/3 倍，在测量波动较大的压力时，其上限值应为被测最大压力的 3/2 倍。

此外，为了保证测量值的准确度，所测压力值不能接近仪表的下限值，一般被测压力的最小值应不低于仪表全量程的 1/3 为宜。

根据所测参数大小计算出仪表的上下限后，还不能以此值作为选用仪表的极限值，因为仪表标尺的极限值不是任意取的,它是由国家主管部门用标准规定的。因此,选用仪表标尺的极限值时,要按照相应的标准中的数值选用(一般在相应的产品目录或工艺手册中可查到)。

(3) 仪表精度级的选取

仪表精度级是由工艺生产或实验研究所允许的最大误差来确定的。一般地说,仪表越精密,测量结果越精确、可靠。但不能认为选用的仪表精度越高越好,因为越精密的仪表,一般价格越高,维护和操作要求越高。因此,应在满足操作要求的前提下,本着节约的原则,合理选择仪表的精度等级。

2. 测压点的选择

测压点的选择对于正确测得静压值十分重要。根据流体流动的基本原理可知,其应被选在受流体流动干扰最小的地方。如在管线上测压,测压点应选在离流体上游的管线弯头、阀门或其他障碍物 40～50 倍管内径的距离,为了使紊乱的流线经过该稳定段后在近壁面处的流线与管壁面平行,形成稳定的流动状态,从而避免动能对测量的影响。根据流动边界层理论,倘若条件所限,不能保证 40～50 倍管内径的距离的稳定段,可设置整流板或整流管,以清除动能的影响。

3. 测压孔口的影响

测压孔又称取压孔,由于在管道壁面上开设了测压孔,不可避免地扰乱了它所在处流体流动的情况,流体流线会向孔内弯曲,并在孔内引起旋涡,这样从测压孔引出的静压强和流体真实的静压强存在误差,此误差与孔附近的流动状态有关,也与孔的尺寸、几何形状、孔轴方向、深度等因素有关。从理论上讲,测压孔径越小越好,但孔口太小使加工困难,且易被脏物堵塞,另外还使测压的动态性能差。一般孔径为 0.5～1 mm,孔深 h/孔径 $d \geqslant 3$,孔的轴线要求垂直壁面,孔周围处的管内壁面要光滑,不应有凸凹或毛刺。

4. 正确安装和使用压力计

(1) 测压孔取向及导压管的安装使用

(a) 被测流体为液体时:为防止气体和固体颗粒进入导压管,水平或倾斜管道中取压口安装在管道下半平面,且与垂线的夹角成 45°;若测量系统两点有压力差时,应尽量将压差计装在取压口下方,使取压口至压差计之间的导压管方向都向下,这样气体就较难进入导压管。如测量压差仪表不得不装在取压口上方,则从取压口引出的导压管应先向下敷设 1 000 mm,然后向上弯通往压差测量仪表,其目的是形成 1 000 mm 的液封,阻止气体进入导压管;实验时,首先将导压管内的原有空气排除干净,为了便于排气,应在每根导气管与测量仪表的连接处安装一个放气阀,利用取压点处的正压,用液体将导管内气体排出,导压管的敷设宜垂直地面或与地面成不小于 1∶10 的倾斜度,若导压管在两端点间有最高点,则应在最高点处装设集气罐。

(b) 被测流体为气体时,为防止液体和固体粉尘进入导压管,宜将测量仪表装在取压口上方。如必须装在下方,应在导压管路最低点处装设沉降器和排污阀,以便排出液体和粉尘,在水平或倾斜管中,气体取压口应安装在管道上半平面,与垂线夹角≤45°。

(c) 当介质为蒸气时,以靠近取压点处冷凝器内凝液液面为界,将导压管系统分为两部分:取压点至凝液液面为第一部分,内含蒸汽,要求保温良好;凝液液面至测量仪表为第二部分，内含冷凝液，避免高温蒸汽与测压元件直接接触。引压管一般做成如图 3-11 所示的型式，该型式广泛应用于弹簧管压力计，以保障压力计的精度和使用寿命。除此之外，为了减少蒸汽中凝液滴的影响，常在引压管前设置一个截面积较大的凝液收集器。对测量高粘度、有腐蚀性、易冻结、易析出固体的被测流体时，常采用玻璃器和隔离液，如图 3-12 所示。正负两玻璃器内的两液体界面的高度应相等，且保持不变。因此隔离液器应具有足够大的容积和水平截面积，隔离液除与被测介质不互溶之外，还应与之不起化学反应，且冰点足够低，能满足具体问题的实际需要。

(d) 全部导压管应密封良好，无渗漏现象，有时会因小小的渗漏造成很大的测量误差，因此安装导压管后应做一次耐压试验，试验压力为操作压力的 1.5 倍，气密性试验为 400 mmHg 柱。

(e) 在测压点处要装切断阀门，以便于压力计和引压导管的检修。对于精度级较高的或量程较小的测量仪表，切断阀门可防止压力的突然冲击或过载。

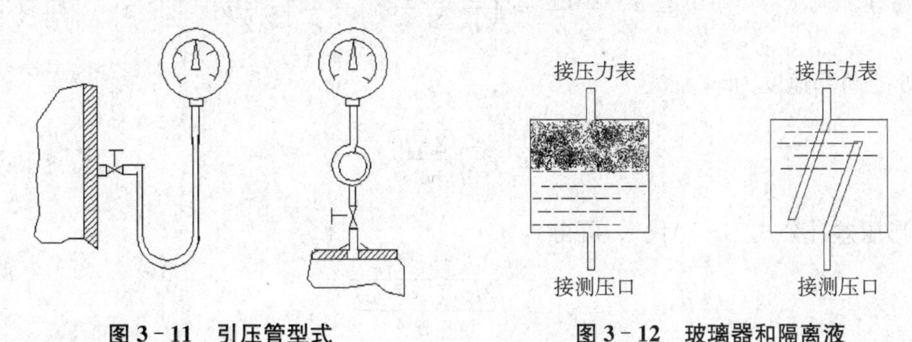

图 3-11 引压管型式　　图 3-12 玻璃器和隔离液

(f) 引压导管不宜过长，以减少压力指示的迟缓。如超过 50 m，应选用其他远距离传输的测量仪表。

(2) 在安装液柱式压力计时，要注意安装的垂直度，读数时视线与分界面之弯月面相切。

(3) 安装地点应力求避免振动和高温的影响，弹性压力计在高温情况下，其指示值将偏高，因此一般应在低于 50℃的环境下工作，或利用必要的防高温防热措施。

(4) 在测量液体流动管道上下游两点间压差时，若气体混入，形成气液两相流，其测量结果不可取。因为单相流动阻力与气液两相流阻力的数值及规律性差别很大。例如在离心泵吸入口处是负压，文丘里管等节流式流量计的节流孔处可能是负压，管内液体从高处向低处常压贮槽流动时，高段是负压，这些部位有空气漏入时，对测量结果影响很大。

3.2 流速与流量的测量

一、测速管

1. 测速管的结构与测量原理

测速管又称皮托(Pitot)管，如图 3-13 所示，是由两根弯成直角的同心套管组成，内

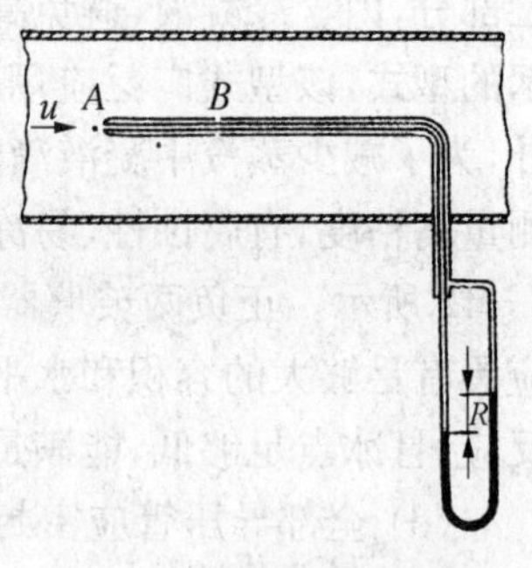

图 3-13　测速管示意图

管管口正对着管道中流体流动方向，外管的管口是封闭的，在外管前端壁面四周开有若干测压小孔。为了减小误差，测速管的前端经常做成半球形以减少涡流。测速管的内管与外管分别与U形压差计相连。内管所测的是流体在A处的局部动能和静压能之和，称为冲压能。

内管 A 处：　　$\frac{p_A}{\rho}=\frac{p}{\rho}+\frac{1}{2}\dot{u}^2$

由于外管壁上的测压小孔与流体流动方向平行，所以外管仅测得流体的静压能，即外管 B 处：$\frac{p_B}{\rho}=\frac{p}{\rho}$。U形压差计实际反映的是内管冲压能和外管静压能之差，即

$$\frac{\Delta p}{\rho}=\frac{p_A}{\rho}-\frac{p_B}{\rho}=\left(\frac{p}{\rho}+\frac{1}{2}\dot{u}^2\right)-\frac{p}{\rho}=\frac{1}{2}\dot{u}^2 \tag{3-3}$$

则该处的局部速度为

$$\dot{u}=\sqrt{\frac{2\Delta p}{\rho}} \tag{3-4}$$

将U形压差计公式(3-1)代入，可得

$$\dot{u}=\sqrt{\frac{2Rg(\rho_0-\rho)}{\rho}} \tag{3-5}$$

由此可知，测速管实际测得的是流体在管截面某处的点速度，因此利用测速管可以测得流体在管内的速度分布。若要获得流量，可对速度分布曲线进行积分。也可以利用皮托管测量管中心的最大流速 u_{max}，利用图3-14所示的关系查取最大速度与平均速度的关系，求出管截面的平均速度，进而计算出流量，此法较常用。

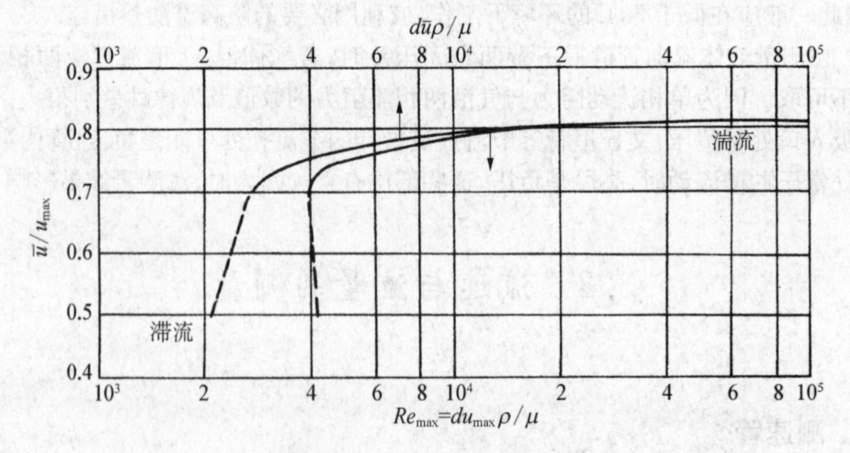

图 3-14　u/u_{max} 与 Re 的关系

2. 测速管的安装

(1) 必须保证测量点位于均匀流段，一般要求测量点上、下游的直管长度最好大于50

倍管内径,至少也应大于 8～12 倍。

(2) 测速管管口截面必须垂直于流体流动方向,任何偏离都将导致负偏差。

(3) 测速管的外径 d_0 不应超过管内径 d 的 1/50,即 $d_0 < d/50$。

(4) 测速管对流体的阻力较小,适用于测量大直径管道中清洁气体的流速,若流体中含有固体杂质时,易将测压孔堵塞,故不易采用。此外,测速管的压差读数教小,常常需要放大或配微压计。

二、孔板流量计

1. 孔板流量计的结构与测量原理

孔板流量计属于差压式流量计,是利用流体流经节流元件产生的压力差来实现流量测量的。孔板流量计的节流元件为孔板,即中央开有圆孔的金属板,其结构如图 3-15 所示。将孔板垂直安装在管道中,以一定取压方式测取孔板前后两端的压差,并与压差计相连,即构成孔板流量计。

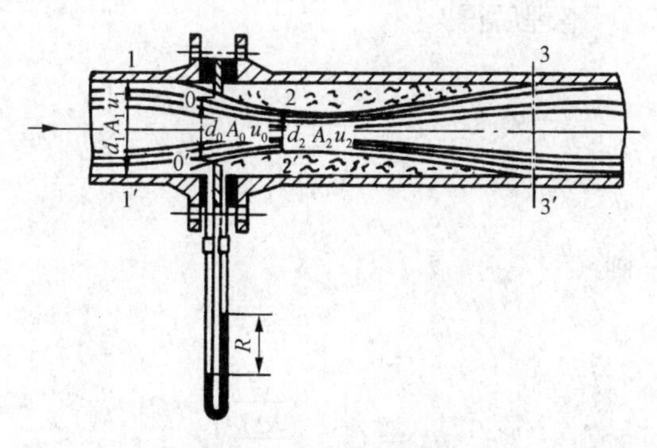

图 3-15 孔板流量计

在图 3-15 中,流体在管道截面 1-1′前,以一定的流速 u_1 流动,因后面有节流元件,当到达截面 1-1′后流束开始收缩,流速即增加。由于惯性的作用,流束的最小截面并不在孔口处,而是经过孔板后仍继续收缩,到截面 2-2′达到最小,流速 u_2 达到最大。流束截面最小处称为缩脉。随后流束又逐渐扩大,直至截面 3-3′处,又恢复到原有管截面,流速也降低到原来的数值。

流体在缩脉处,流速最高,即动能最大,而相应压力就最低,因此当流体以一定流量流经小孔时,在孔前后就产生一定的压力差 $\Delta p = p_1 - p_2$。流量愈大,Δp 也就愈大,所以利用测量压差的方法就可以测量流量。

2. 孔板流量计的流量方程

孔板流量计的流量与压差的关系,可由连续性方程和柏努利方程推导。

如图,在 1-1′截面和 2-2′截面间列柏努利方程,暂时不计能量损失,有

$$\frac{p_1}{\rho} + \frac{1}{2}u_1^2 = \frac{p_2}{\rho} + \frac{1}{2}u_2^2$$

变形得
$$\frac{u_2^2-u_1^2}{2}=\frac{p_1-p_2}{\rho} \tag{3-6}$$

或
$$\sqrt{u_2^2-u_1^2}=\sqrt{\frac{2\Delta p}{\rho}}$$

由于上式未考虑能量损失，实际上流体流经孔板的能量损失不能忽略不计；另外，缩脉位置不定，A_2未知，但孔口面积A_0已知，为便于使用可用孔口速度u_0替代缩脉处速度u_2；同时两侧压孔的位置也不一定在1-1′和2-2′截面上，所以引入一校正系数C来校正上述各因素的影响，则上式变为：

$$\sqrt{u_0^2-u_1^2}=C\sqrt{\frac{2\Delta p}{\rho}} \tag{3-7}$$

根据连续性方程，对于不可压缩性流体得

$$u_1=u_0\frac{A_0}{A_1} \tag{3-8}$$

将上式代入式(3-7)，整理后得

$$u_0=\frac{C}{\sqrt{1-\left(\frac{A_0}{A_1}\right)^2}}\sqrt{\frac{2\Delta p}{\rho}} \tag{3-9}$$

令$C_0=\dfrac{C}{\sqrt{1-\left(\frac{A_0}{A_1}\right)^2}}$，则

$$u_0=C_0\sqrt{\frac{2\Delta p}{\rho}} \tag{3-10}$$

将U形压差计公式(3-1)代入式(3-10)中，得

$$u_0=C_0\sqrt{\frac{2Rg(\rho_0-\rho)}{\rho}} \tag{3-10′}$$

根据u_0即可计算流体的体积流量

$$V_S=u_0A_0=C_0A_0\sqrt{\frac{2Rg(\rho_0-\rho)}{\rho}} \tag{3-11}$$

及质量流量

$$m_S=C_0A_0\sqrt{2Rg\rho(\rho_0-\rho)} \tag{3-12}$$

式中C_0称为流量系数或孔流系数，其值由实验测定。C_0主要取决于管道流动的雷诺数Re、孔面积与管道面积比A_0/A_1，同时孔板的取压方式、加工精度、管壁粗糙度等因素也对其有一定的影响。对于取压方式、结构尺寸、加工状况均已规定的标准孔板，流量系数C_0可以表示为

$$C_0 = f\left(Re, \frac{A_0}{A_1}\right) \qquad (3-13)$$

式中 Re 是以管道的内径 d_1 计算的雷诺数，即

$$Re = \frac{d_1 \rho u_1}{\mu}$$

对于按标准规格及精度制作的孔板，用角接取压法安装在光滑管路中的标准孔板流量计，实验测得的 C_0 与 Re、A_0/A_1 的关系曲线如图 3-16 所示。从图中可以看出，对于 A_0/A_1 相同的标准孔板，C_0 只是 Re 的函数，并随 Re 的增大而减小。当增大到一定界限值之后，C_0 不再随 Re 变化，成为一个仅取决于 A_0/A_1 的常数，选用或设计孔板流量计时，应尽量使常用流量在此范围内。常用的 C_0 值为 0.6～0.7。

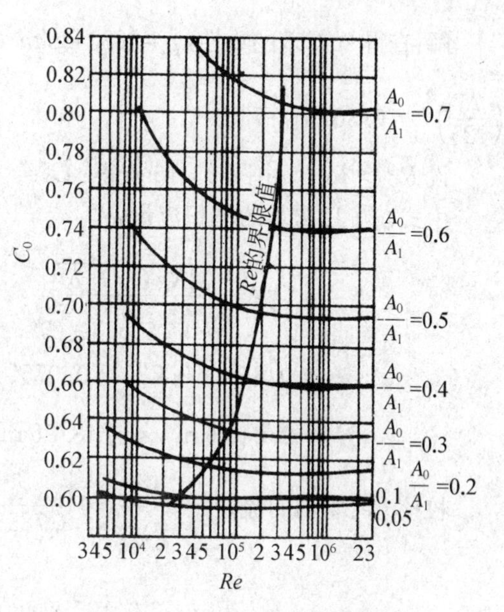

图 3-16　标准孔板的流量系数

用式(3-11)或(3-12)计算流体的流量时，必须先确定流量系数 C_0，但 C_0 又与 Re 有关，而管道中的流体流速又是未知，故无法计算 Re 值，此时可采用试差法。即先假设 Re 超过 Re 界限值 Re_C，由 A_0/A_1 从图 3-16 中查得 C_0，然后根据式(3-11)或(3-12)计算流量，再计算管道中的流速及相应的 Re。若所得的 Re 值大于界限值 Re_C，则表明原来的假设正确，否则需重新假设 C_0，重复上述计算，直至计算值与假设值相符为止。

由式(3-11)可知，当流量系数 C_0 为常数时，$V_S \propto \sqrt{R}$ 或 $R \propto V_S{}^2$。表明 U 形管压差计的读数 R 与流量的平方成正比，即流量的少量变化将导致读数 R 较大的变化，因此测量的灵敏度较高。此外，由以上关系也可以看出，孔板流量计的测量范围受 U 形管压差计量程的限制，同时考虑到孔板流量计的能量损失随流量的增大而迅速增加，故孔板流量计不适于测量流量范围较大的场合。

3. 孔板流量计的安装与优缺点

孔板流量计安装时，上、下游需要有一段内径不变的直管作为稳定段，上游长度至少为管径的 10 倍，下游长度为管径的 5 倍。

孔板流量计结构简单，制造与安装都方便，其主要缺点是能量损失较大。这主要是由于流体流经孔板时，截面的突然缩小与扩大形成大量涡流所致。如前所述，虽然流体经管口后某一位置(图 3-15 中的 3-3′截面)流速已恢复与孔板前相同，但静压力却不能恢复，产生了永久压力降，即 $\Delta p_f = p_1 - p_3$。此压力降随面积比 A_0/A_1 的减小而增大。同时孔口直径减小时，孔速提高，读数 R 增大，因此设计孔板流量计时应选择适当的面积比 A_0/A_1 以期兼顾到 U 形管压差计适宜的读数和允许的压力降。

［**例 3-1**］　20℃苯在 $\phi 133 \times 4$ mm 的钢管中流过，为测量苯的流量，在管道中安装一孔径为 75 mm 的标准孔板流量计。当孔板前后 U 形管压差计的读数 R 为 80 mmHg 时，试求管中苯的流量(m^3/h)。

解:查得 20℃苯的物性:$\rho=880\ \text{kg/m}^3$,$\mu=0.67\times10^{-3}\ \text{Pa}\cdot\text{s}$面积比$\dfrac{A_0}{A_1}=\left(\dfrac{d_0}{d_1}\right)^2=\left(\dfrac{75}{125}\right)^2=0.36$

设 $Re>Re\ c$,由图 3-16 查得:$C_0=0.648$,$Re\ c=1.5\times10^5$

由式(3-11),苯的体积流量:

$$V_S=C_0A_0\sqrt{\frac{2Rg(\rho_0-\rho)}{\rho}}$$

$$=0.648\times0.785\times0.075^2\sqrt{\frac{2\times0.08\times9.81\times(13\,600-880)}{880}}$$

$$=0.013\,6\ \text{m}^3/\text{s}=48.96\ \text{m}^3/\text{h}$$

校核 Re:管内的流速 $=\dfrac{V_S}{\dfrac{\pi}{4}d_1^2}=\dfrac{0.013\,6}{0.785\times0.125^2}=1.1\ \text{m/s}$

管道 Re $\quad Re=\dfrac{d_1\rho u}{\mu}=\dfrac{0.125\times880\times1.1}{0.67\times10^{-3}}=1.81\times10^5>Re\ c$

故假设正确,以上计算有效。苯在管路中的流量为 $48.96\ \text{m}^3/\text{h}$。

三、文丘里(Venturi)流量计

孔板流量计的主要缺点是能量损失较大,其原因在于孔板前后的突然缩小与突然扩大。若用一段渐缩、渐扩管代替孔板,所构成的流量计称为文丘里流量计或文氏流量计,如图 3-17 所示。当流体经过文丘里管时,由于均匀收缩和逐渐扩大,流速变化平缓,涡流较少,故能量损失比孔板大大减少。

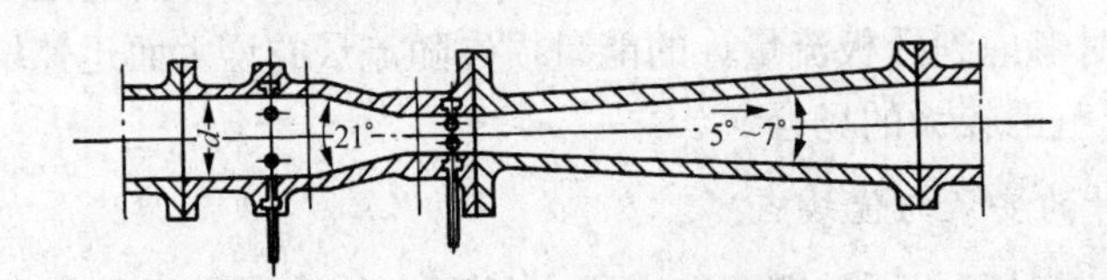

图 3-17 文丘里流量计

文丘里流量计的测量原理与孔板流量计相同,也属于差压式流量计。其流量公式也与孔板流量计相似,即

$$V_S=C_VA_0\sqrt{\frac{2Rg(\rho_0-\rho)}{\rho}}\tag{3-14}$$

式中 C_V 为文丘里流量计的流量系数(约为 0.98~0.99);A_0 为喉管处截面积,m^2。

由于文丘里流量计的能量损失较小,其流量系数较孔板大,因此相同压差计读数 R 时流量比孔板大。文丘里流量计的缺点是加工较难、精度要求高,因而造价高,安装时需占去一定管长位置。

四、转子流量计

转子流量计的结构与测量原理　转子流量计的结构如图3-18所示，是由一段上粗下细的锥形玻璃管（锥角约在4°左右）和管内一个密度大于被测流体的固体转子（或称浮子）所构成。流体自玻璃管底部流入，经过转子和管壁之间的环隙，再从顶部流出。

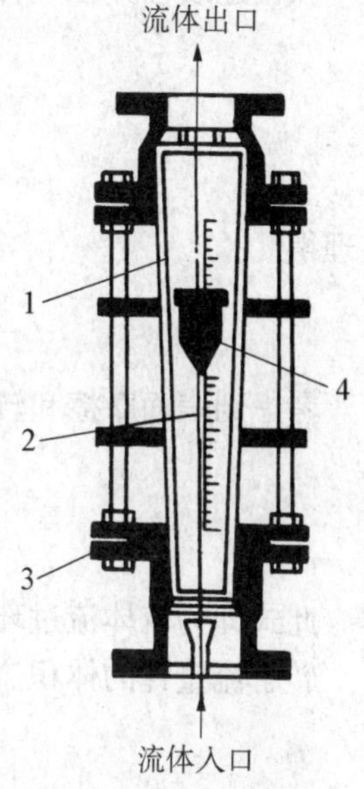

图3-18　转子流量计

1—锥形硬玻璃管；2—刻度；3—突缘填函盖板；4—转子

管中无流体通过时，转子沉在管底部。当被测流体以一定的流量流经转子与管壁之间的环隙时，由于流道截面减小，流速增大，压力随之降低，于是在转子上、下端面形成一个压差，将转子托起，使转子上浮。随转子的上浮，环隙面积逐渐增大，流速减小，压力增加，从而使转子两端的压差降低。当转子上浮至一定高度时，转子两端面压差造成的升力恰好等于转子的重力时，转子不再上升，而悬浮在该高度。转子流量计玻璃管外表面上刻有流量值，根据转子平衡时其上端平面所处的位置，即可读取相应的流量。

转子流量计的流量方程　转子流量计的流量方程可根据转子受力平衡导出。

在图3-19中，取转子下端截面为1-1′上端截面为0-0′，用V_f、A_f、ρ_f分别表示转子的体积、最大截面积和密度。当转子处于平衡位置时，转子两端面压差造成的升力等于转子的重力，即

$$(p_1-p_0)A_f=\rho_f V_f g \tag{3-15}$$

p_1、p_0的关系可在1-1′和0-0′截面间列柏努利方程获得：

$$\frac{p_1}{\rho}+\frac{u_1^2}{2}+z_1 g=\frac{p_0}{\rho}+\frac{u_0^2}{2}+z_0 g$$

整理
$$p_1-p_0=(z_0-z_1)\rho g+\frac{\rho}{2}(u_0^2-u_1^2)$$

将上式两端同乘以转子最大截面积A_f，则有

$$(p_1-p_0)A_f=A_f(z_0-z_1)\rho g+A_f\frac{\rho}{2}(u_0^2-u_1^2) \tag{3-16}$$

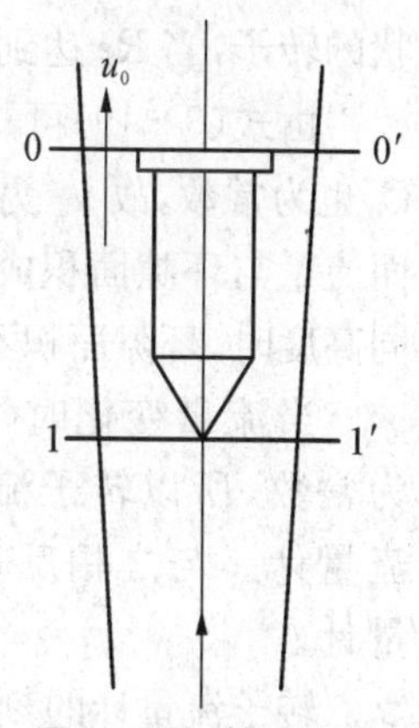

图3-19　转子流量计流动示意图

由此可见，流体作用于转子的升力$(p_1-p_0)A_f$由两部分组成：一部分是两截面的位差，此部分作用于转子的力即为流体的浮力，其大小为$A_f(z_0-z_1)\rho g$，即$V_f\rho g$；另一部分是两截面的动能差，其值为$A_f\frac{\rho}{2}(u_0^2-u_1^2)$。

将式(3-15)与(3-16)联立，得

$$V_f(\rho_f-\rho)g=A_f\frac{\rho}{2}(u_0^2-u_1^2) \tag{3-17}$$

根据连续性方程 $u_1=u_0\dfrac{A_0}{A_1}$，将上式代入式(3-17)中，有

$$V_f(\rho_f-\rho)g=A_f\frac{\rho}{2}u_0^2\left[1-\left(\frac{A_0}{A_1}\right)^2\right]$$

整理得

$$u_0=\frac{1}{\sqrt{1-\left(\dfrac{A_0}{A_1}\right)^2}}\sqrt{\frac{2V_f(\rho_f-\rho)g}{\rho A_f}} \tag{3-18}$$

考虑到表面摩擦和转子形状的影响，引入校正系数 C_R，则有

$$u_0=C_R\sqrt{\frac{2(\rho_f-\rho)V_fg}{\rho A_f}} \tag{3-19}$$

此式即为流体流过环隙时的速度计算式，C_R又称为转子流量计的流量系数。

转子流量计的体积流量为

$$V_S=C_RA_R\sqrt{\frac{2(\rho_f-\rho)V_fg}{\rho A_f}} \tag{3-20}$$

式中 A_R为转子上端面处环隙面积。

转子流量计的流量系数 C_R与转子的形状和流体流过环隙时的 Re 有关。对于一定形状的转子，当 Re 达到一定数值后，C_R为常数。

由式(3-19)可知，对于一定的转子和被测流体，V_f、A_f、ρ_f、ρ 为常数，当 Re 较大时，C_R也为常数，故 u_0 为一定值，即无论转子停在任何一个位置，其环隙流速 u_0 是恒定的。而流量与环隙面积成正比即 $V_S\propto A_R$，由于玻璃管为下小上大的锥体，当转子停留在不同高度时，环隙面积不同，因而流量不同。

当流量变化时，力平衡关系式(3-16)并未改变，也即转子上、下两端面的压差为常数，所以转子流量计的特点为恒压差、恒环隙流速而变流通面积，属于截面式流量计。与之相反，孔板流量计则是恒流通面积，而压差随流量变化，为差压式流量计。

转子流量计的刻度换算 转子流量计上的刻度，是在出厂前用某种流体进行标定的。一般液体流量计用 20℃的水(密度为 1 000 kg/m^3)标定，而气体流量计则用 20℃和 101.3 kPa 下的空气(密度为 1.2 kg/m^3)标定。当被测流体与上述条件不符时，应进行刻度换算。

假定 C_R相同，在同一刻度下，有

$$\frac{V_{S2}}{V_{S1}}=\sqrt{\frac{\rho_1(\rho_f-\rho_2)}{\rho_2(\rho_f-\rho_1)}} \tag{3-21}$$

式中下标 1 表示标定流体的参数，下标 2 表示实际被测流体的参数。

对于气体转子流量计，因转子材料的密度远大于气体密度，式(3-21)可简化为

$$\frac{V_{S2}}{V_{S1}} \approx \sqrt{\frac{\rho_1}{\rho_2}} \tag{3-21'}$$

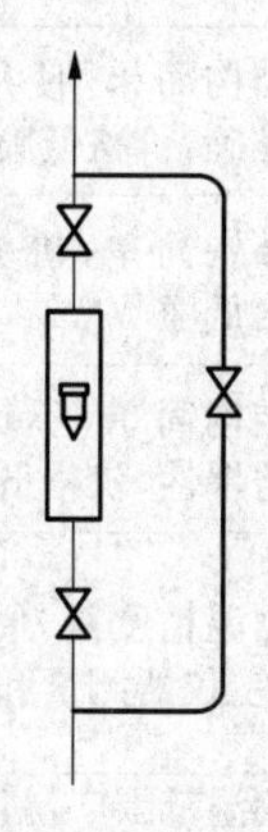

图 3-20　转子流量计安装示意图

转子流量计必须垂直安装在管路上,为便于检修,应设置如图 3-20 所示的支路。

转子流量计读数方便,流动阻力很小,测量范围宽,测量精度较高,对不同的流体适用性广。缺点是玻璃管不能经受高温和高压,在安装使用过程中玻璃容易破碎。

［**例 3-2**］　某气体转子流量计的量程范围为 4～60 m^3/h。现用来测量压力为 60 kPa(表压)、温度为 50℃的氨气,转子流量计的读数应如何校正?此时流量量程的范围又为多少?(设流量系数 C_R 为常数,当地大气压为 101.3 kPa)

解:操作条件下氨气的密度:

$$\rho_2 = \frac{pM}{RT} = \frac{(101.3+60)\times 10^3 \times 0.017}{8.31\times(273+50)} = 1.022\ \text{kg/m}^3$$

$$\therefore \frac{V_{S2}}{V_{S1}} \approx \sqrt{\frac{\rho_1}{\rho_2}} = \sqrt{\frac{1.2}{1.022}} = 1.084$$

即同一刻度下,氨气的流量应是空气流量的 1.084 倍。

此时转子流量计的流量范围为 4×1.084～60×1.084 m^3/h,即 4.34～65.0 m^3/h。

3.3　温度的测量

按测温原理的不同,温度测量大致有以下几种方式:

1. 热膨胀　固体的热膨胀、液体的热膨胀、气体的热膨胀。

2. 电阻变化　导体或半导体受热后电阻发生变化。

3. 热电效应　不同材质导线连接的闭合回路,两接点的温度如果不同,回路内就产生热电势。

4. 热辐射　物体的热辐射随温度的变化而变化。

5. 其他　射流测温、涡流测温、激光测温等。

表 3-1 各种温度计的比较

<table>
<tr><th>型式</th><th>工作原理</th><th>种类</th><th>使用温度范围/℃</th><th>优点</th><th>缺点</th></tr>
<tr><td rowspan="7">接触式</td><td rowspan="3">热膨胀</td><td>玻璃管温度计</td><td>−80～500</td><td>结构简单，使用方便，测量准确，价格低廉</td><td>测量上限和精度受玻璃质量限制，易碎，不能记录和远传</td></tr>
<tr><td>双金属温度计</td><td>−80～500</td><td>结构简单，机械强度大，价格低廉</td><td>精度低，量程和使用范围易有限制</td></tr>
<tr><td>压力式温度计</td><td>−100～500</td><td>结构简单，不怕震动，具有防爆性，价格低廉</td><td>精度低，测温距离较远时，仪表的滞后现象较严重</td></tr>
<tr><td rowspan="2">热电阻</td><td>铂、铜电阻温度计</td><td>−200～600</td><td rowspan="2">测温精度高，便于远距离传递、仪器测量和自动控制</td><td rowspan="2">不能测量高温，由于体积大，测量点温度较困难</td></tr>
<tr><td>半导体温度计</td><td>−50～300</td></tr>
<tr><td rowspan="2">热电偶</td><td>铜-康铜温度计</td><td>−100～300</td><td rowspan="2">测温范围广，精度高，便于远距离传递、集中测量和自动控制</td><td rowspan="2">需要进行冷端补偿，在低温段测量时精度低</td></tr>
<tr><td>铂-铂铑温度计</td><td>200～1800</td></tr>
<tr><td>非接触式</td><td>辐射</td><td>辐射式高温计</td><td>100～2 000</td><td>感温元件不破坏被测物体的温度场，测温范围广</td><td>只能测高温，低温段测量不准，环境条件会影响测量准确度。</td></tr>
</table>

一、玻璃管温度计

1. 常用玻璃管温度计

特点：玻璃管温度计结构简单、价格便宜、读数方便，而且有较高的精度。

种类：实验室用得最多的是水银温度计和有机液体温度计。水银温度计测量范围广、刻度均匀、读数准确，但玻璃管破损后会造成汞污染。有机液体（如乙醇、苯等）温度计着色后读数明显，但由于膨胀系数随温度而变化，故刻度不均匀，读数误差较大。

2. 玻璃管温度计的安装和使用

（1）玻璃管温度计应安装在没有大的振动，不易受碰撞的设备上。特别是有机液体玻璃温度计，如果振动很大，容易使液柱中断。

（2）玻璃管温度计的感温泡中心应处于温度变化最敏感处。

（3）玻璃管温度计要安装在便于读数的场所。不能倒装，也应尽量不要倾斜安装。

（4）为了减少读数误差，应在玻璃管温度计保护管中加入甘油、变压器油等，以排除空气等不良导体。

（5）水银温度计读数时按凸面最高点读数；有机液体玻璃温度计则按凹面最低点读数。

（6）为了准确地测定温度，用玻璃管温度计测定物体温度时，如果指示液柱不是全部插入欲测的物体中，会使测定值不准确，必要时需进行校正。

3. 玻璃管温度计的校正

玻璃管温度计的校正方法有以下两种：

(1) 与标准温度计在同一状况下比较

实验室内将被校验的玻璃管温度计与标准温度计插入恒温槽中,待恒温槽的温度稳定后,比较被校验温度计与标准温度计的示值。示值误差的校验应采用升温校验,因为对于有机液体来说它与毛细管壁有附着力,在降温时,液柱下降会有部分液体停留在毛细管壁上,影响读数准确。水银玻璃管温度计在降温时也会因摩擦发生滞后现象。

(2) 利用纯质相变点进行校正

① 用水和冰的混合液校正 0℃。

② 用水和水蒸气校正 100℃。

二、热电偶温度计

1. 热电偶测温原理

热电偶是根据热电效应制成的一种测温元件。它结构简单,坚固耐用,使用方便,精度高,测量范围宽,便于远距离、多点、集中测量和自动控制,是应用很广泛的一种温度计。如果取两根不同材料的金属导线 A 和 B,将其两端焊在一起,这样就组成了一个闭合回路。因为两种不同金属的自由电子密度不同,当两种金属接触时在两种金属的交界处,就会因电子密度不同而产生电子扩散,扩散结果在两金属接触面两侧形成静电场即接触电势差。这种接触电势差仅与两金属的材料和接触点的温度有关,温度愈高,金属中自由电子就越活跃,致使接触处所产生的电场强度增加,接触面电动势也相应增高。由此可制成热电偶测温计。

2. 常用热电偶的特性

几种常用的热电偶的特性数据见表 3-2。使用者可以根据表中列出的数据,选择合适的二次仪表,确定热电偶的使用温度范围。

表 3-2　常用热电偶特性表

热电偶名称	型号	分度号	100℃的热电势/mV	最高使用温度/℃	
				长期	短期
铂铑 10*-铂	WRLB	LB-3	0.643	1 300	1 600
镍铬-考铜	WREA	EA-2	6.95	600	800
镍铬-镍硅	WRN	EU-2	4.095	900	1 200
铜-康铜	WRCK	CK	4.29	200	300

注:10* 指含量为 10%。

3. 热电偶的校验

(1) 对新焊好的热电偶需校对电势-温度是否符合标准,检查有无复制性,或进行单个标定。

(2) 对所用热电偶定期进行校验,测出校正曲线,以便对高温氧化产生的误差进行校正。

三、热电阻温度计

1. 概述

热电阻温度计是一种用途极广的测温仪器。它具有测量精度高，性能稳定，灵敏度高，信号可以远距离传送和记录等特点。热电阻温度计包括金属丝电阻温度计和热敏电阻温度计两种。电阻温度计的性质如表 3－3 所示。

表 3－3　电阻温度计的使用温度

种类	使用温度范围/℃	温度系数/℃－1
铂电阻温度计	－260～630	＋0.003 9
镍电阻温度计	150 以下	＋0.006 2
铜电阻温度计	150 以下	＋0.004 3
热敏电阻温度计	350 以下	－0.03～－0.06

四、热敏电阻温度计

热敏电阻体是在锰、镍、钴、铁、锌、钛、镁等金属的氧化物中分别加入其他化合物制成的。热敏电阻和金属导体的热电阻不同，它属于半导体，具有负电阻温度系数，其电阻值是随温度的升高而减小，随温度的降低而增大，虽然温度升高粒子的无规则运动加剧，引起自由电子迁移率略为下降，然而自由电子的数目随温度的升高而增加得更快，所以温度升高其电阻值下降。

第四章　化工原理基础实验

实验一　流体力学实验

主题词　光滑管　粗糙管　局部阻力

主要操作　泵的开、关　流量计、压力表的使用

一、流体流动阻力测定实验

1. 实验目的

① 掌握流体流经直管和阀门时阻力损失的测定方法，通过实验了解流体流动中能量损失的变化规律；

② 测定直管摩擦系数 λ 与雷诺准数 Re 的关系，将所得的 $\lambda \sim Re$ 方程与经验公式比较；

③ 测定流体流经阀门时的局部阻力系数 ξ；

④ 学会倒U形差压计、1151差压传感器、Pt100温度传感器和转子流量计的使用方法；

⑤ 观察组成管路的各种管件、阀门，并了解其作用。

2. 基本原理

流体在管内流动时，由于粘性剪应力和涡流的存在，不可避免地要消耗一定的机械能，这种机械能的消耗包括流体流经直管的沿程阻力和因流体运动方向改变所引起的局部阻力。

(1) 沿程阻力

流体在水平等径圆管中稳定流动时，阻力损失表现为压力降低。即

$$h_f = \frac{p_1 - p_2}{\rho} = \frac{\Delta p}{\rho} \tag{4-1}$$

影响阻力损失的因素很多，尤其对湍流流体，目前尚不能完全用理论方法求解，必须通过实验研究其规律。为了减少实验工作量，使实验结果具有普遍意义，必须采用因次分析方法将各变量组合成准数关联式。根据因次分析，影响阻力损失的因素有：

① 流体性质：密度 ρ、粘度 μ；

② 管路的几何尺寸：管径 d、管长 l、管壁粗糙度 ε；

③ 流动条件：流速 u。

可表示为：

$$\Delta p = f(d, l, \mu, \rho, u, \varepsilon) \tag{4-2}$$

组合成如下的无因次式：

$$\frac{\Delta p}{\rho u^2} = \Phi\left(\frac{du\rho}{\mu}, \frac{l}{d}, \frac{\varepsilon}{d}\right) \tag{4-3}$$

$$\frac{\Delta p}{\rho} = \varphi\left(\frac{du\rho}{\mu}, \frac{\varepsilon}{d}\right) \cdot \frac{l}{d} \cdot \frac{u^2}{2}$$

令

$$\lambda = \varphi\left(\frac{du\rho}{\mu}, \frac{\varepsilon}{d}\right) \tag{4-4}$$

则式(1-1)变为：

$$h_f = \frac{\Delta p}{\rho} = \lambda \frac{l}{d} \frac{u^2}{2} \tag{4-5}$$

式中，λ 称为摩擦系数。层流(滞流)时，$\lambda = 64/Re$；湍流时 λ 是雷诺准数 Re 和相对粗糙度的函数，须由实验确定。

(2) 局部阻力

局部阻力通常有两种表示方法，即当量长度法和阻力系数法。

① 当量长度法

流体流过某管件或阀门时，因局部阻力造成的损失，相当于流体流过与其具有相当管径长度的直管阻力损失，这个直管长度称为当量长度，用符号 le 表示。这样，就可以用直管阻力的公式来计算局部阻力损失，而且在管路计算时. 可将管路中的直管长度与管件、阀门的当量长度合并在一起计算，如管路中直管长度为 l，各种局部阻力的当量长度之和为 $\sum le$，则流体在管路中流动时的总阻力损失 $\sum h_f$ 为

$$\sum h_f = \lambda \frac{l + \sum le}{d} \frac{u^2}{2} \tag{4-6}$$

② 阻力系数法

流体通过某一管件或阀门时的阻力损失用流体在管路中的动能系数来表示，这种计算局部阻力的方法，称为阻力系数法。

即

$$h'_f = \xi \frac{u^2}{2} \tag{4-7}$$

式中，ξ 为局部阻力系数，无因次；u 为在小截面管中流体的平均流速，m/s。

由于管件两侧距测压孔间的直管长度很短. 引起的摩擦阻力与局部阻力相比，可以忽略不计。因此 h'_f 值可应用柏努利方程由压差计读数求取。

3. 实验装置与流程

(1) 实验装置

实验装置如图 4－1 所示主要由高位槽，不同管径、材质的管子，各种阀门和管件、转子流量计等组成。第一根为不锈钢光滑管，第二根为镀锌铁管，分别用于光滑管和粗糙管湍流流体流动阻力的测定。第三根为不锈钢管，装有待测闸阀，用于局部阻力的测定。

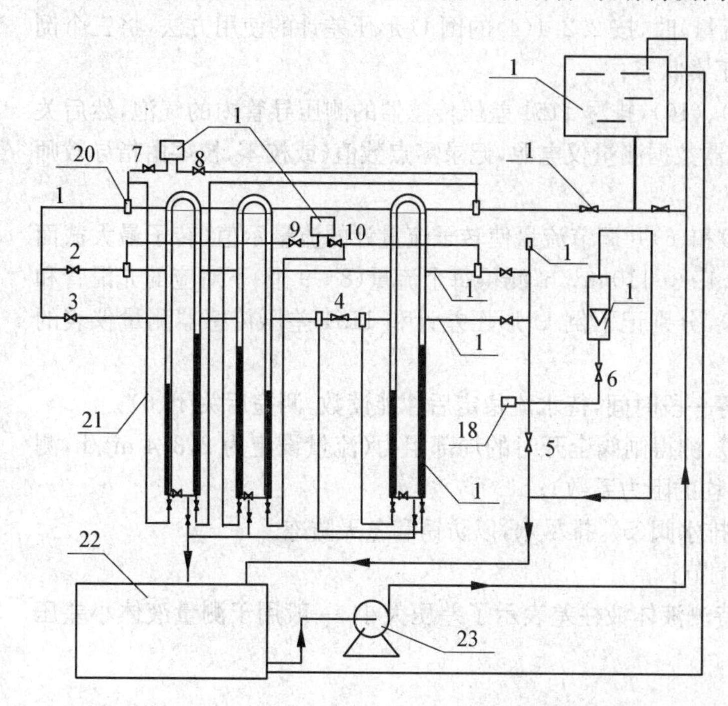

1—进水阀；2、3、5—球阀；
4—闸阀；6—流量调节阀；
7、8、9、10—球阀；11—光滑管；
12—粗糙管；13—不锈钢管；
14—倒 U 形差压计(3 个)；
15—1151 差压传感器(2 个)；
16—转子流量计；17—高位水槽；
18—Pt100 温度传感器；
19—温度计；20—均压环；
21—测压导管；
22—低位水池或水箱；23—水泵

图 4－1　流体流动阻力测定实验装置图

本实验的介质为水，由高位水塔供给(其位头约为 25 m)，经实验装置后的水通过地下管道流入泵房内水池，再用泵送至高位水槽循环使用。

水流量采用装在测试装置尾部的转子流量计测量，直管段和闸阀的阻力分别用各自的倒 U 形差压计或 1151 差压传感器和数显表测得。倒 U 形差压计的使用方法见下节。

(2) 装置结构尺寸

装置结构尺寸如表 4－1 所示。

表 4－1　流体流动阻力测定实验装置结构尺寸

名称	材质	管内径(mm)				测试段长度(mm)
		装置号				
		①	②	③	④	
光滑管	不锈钢管	32.06	32.05	32.20	32.10	2.0
粗糙管	镀锌铁管	36.69	36.68	36.67	36.63	
局部阻力	不锈钢管	26.65	28.60	28.61	28.62	/

4. 实验步骤及注意事项

(1) 实验步骤:

① 熟悉实验装置系统;

② 打开进水阀(1),水来自带溢流装置的高位槽;

③ 打开阀(2)、(3)、(4)、(5)、(6)排尽管道中的空气,之后关阀(5)、(6);

④ 在管道内水静止(零流量)时,按 2.2.1(4)的倒 U 形压差计的使用方法,将三个倒 U 形压差计调节到测量压差正常状态;

⑤ 打开考克(7)、(8)、(9)、(10),排尽 1151 差压传感器的测压导管内的气泡,然后关闭考克。打开 1151 差压传感器数据测量仪电源,记录零点数值(或校零,校零由指导教师完成);

⑥ 关闭阀(3),打开阀(2)和(6)并调节流量使转子流量计的流量示值(转子最大截面处对应的刻度值)分别为 2、3、4……110 m^3/h,测得每个流量(8~9 个)下对应的光滑管和粗糙管的阻力(压差 mmH_2O),分别记下倒 U 形压差计和 1151 差压传感器测量仪表的读数。

注意:调节好流量后,须等一段时间,待水流稳定后才能读数,测完后关闭(6);

⑦ 关闭阀(2),打开阀(3),测得闸阀全开时的局部阻力(流量设定为 2,3,4 m^3/h,测三个点对应的压差,以求得平均的阻力系数);

⑧ 实验结束后打开系统排水阀(5),排尽水,以防锈和冬天防冻。

(2) 倒 U 形管差压计的调节:

这种压差计,内充空气,待测液体液柱差表示了差压大小,一般用于测量液体小差压的场合。其结构如图 4-2 示。

使用的具体步骤是:

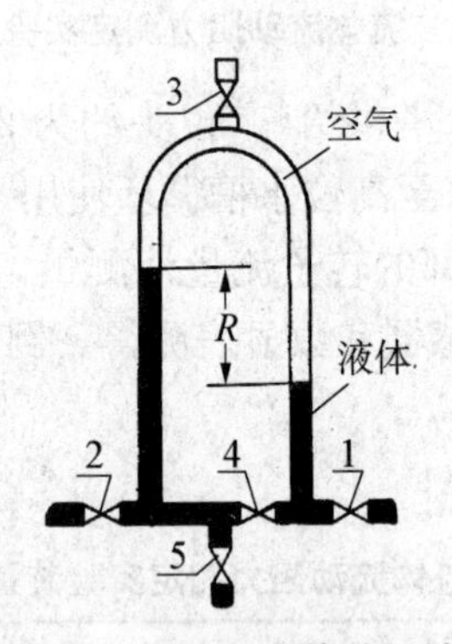

图 4-2 倒 U 形管差压计

1—低压侧阀门;2—高压侧阀门;3—进气阀门;4—平衡阀门;5—出水活栓

① 排出系统和导压管内的气泡。方法为:关闭进气阀门 3,打开出水活栓 5 以及平衡阀门 4,打开高压侧阀门 2 和低压侧阀门 1 使高位水槽的水经过系统管路、导压管、高压侧阀门 2、倒 U 形管、低压侧阀门 1 排出系统。

② 玻璃管吸入空气。方法为:排空气泡后关闭阀 1 和阀 2,打开平衡阀 4、出水活栓 5 和进气阀 3,使玻璃管内的水排净并吸入空气。

③ 平衡水位。方法为:关闭阀 4、5、3,然后打开 1 和 2 两个阀门,让水进入玻璃管至

平衡水位(此时系统中的出水阀门是关闭的,管路中的水在静止时U形管中水位是平衡的),最后关闭平衡阀4,压差计即处于待用状态。

(3) 注意事项:

开启、关闭管道上的各阀门及倒U形压差计上的阀门时,一定要缓慢开关,切忌用力过猛过大,防止测量仪表因突然受压、减压而受损(如玻璃管断裂,阀门滑丝等)。

5. 实验报告

① 根据粗糙管实验结果,在双对数坐标纸上标绘出$\lambda \sim Re$曲线,对照化工原理教材上有关公式,即可确定该管的相对粗糙度和绝对粗糙度。

② 根据光滑管实验结果,在双对数坐标纸上标绘出$\lambda \sim Re$曲线,并对照柏拉修斯方程,计算其误差。

③ 根据局部阻力实验结果,求出闸阀全开时的平均ξ值。

④ 对实验结果进行分析讨论。

6. 思考题

① 在对装置做排气工作时,是否一定要关闭流程尾部的流量调节阀?为什么?

② 如何检验测试系统内的空气是否已经被排除干净?

③ 以水做介质所测得的$\lambda \sim Re$关系能否适用于其他流体?如何应用?

④ 在不同设备上(包括不同管径),不同水温下测定的$\lambda \sim Re$数据能否关联在同一条曲线上?

⑤ 如果测压口、孔边缘有毛刺或安装不垂直,对静压的测量有何影响?

7. 实验数据记录及数据处理结果示例

实验装置:3#;管长$L=2$ m;温度15 ℃

表4-2　流体流动阻力测定实验数据记录表

实验序号	流量(m^3/h)	光滑管压差(mmH_2O) 管径$D=0.028$ m	粗糙管压差(mmH_2O) 管径$D=0.028$ m	闸阀(全开)阻力(mmH_2O) 管径$D=0.028$ m
1	1.5	35	22	
2	2	57	38	11.5
3	2.5	85	54	18.0
4	3	117	73	26.0
5	3.5	160	96	
6	4	202	125	
7	4.5	246	157	
8	5	298	196	
9	5.5	352	229	
10	6	420	273	

计算结果

表 4-3　流体流动阻力测定实验计算结果表

实验次数	流量(m^3/h)	$Re_{光滑管}$	$\lambda_{光滑管exp}$	$Re_{粗糙管}$	$\lambda_{粗糙管exp}$	$\lambda_{粗糙管cal}$
1	1.5	1.43×10^4	0.042 2	1.25×10^4	0.050 8	0.035 1
2	2	1.90×10^4	0.038 6	1.67×10^4	0.049 4	0.034 1
3	2.5	2.38×10^4	0.036 9	2.09×10^4	0.044 9	0.033 3
4	3	2.85×10^4	0.035 3	2.51×10^4	0.042 2	0.032 6
5	3.5	3.33×10^4	0.035 5	2.92×10^4	0.040 8	0.032 0
6	4	3.80×10^4	0.034 3	3.34×10^4	0.040 6	0.031 5
7	4.5	4.28×10^4	0.033 0	3.76×10^4	0.0403	0.0311
8	5	4.75×10^4	0.032 4	4.18×10^4	0.040 8	0.030 8
9	5.5	5.23×10^4	0.031 6	4.59×10^4	0.039 4	0.030 5
10	6	5.70×10^4	0.031 7	5.01×10^4	0.039 4	0.030 4

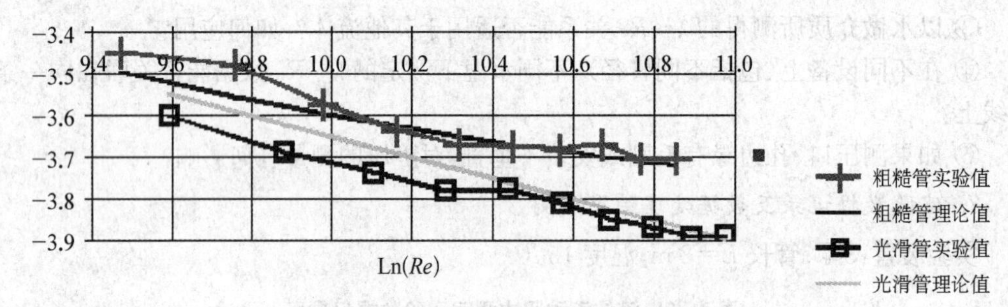

图 4-3　流体流动阻力测定实验结果图

闸阀(全开)阻力系数(理论上)=0.5

二、流体力学综合实验

1. 实验目的

① 掌握流体流经直管和阀门时阻力损失的测定方法,通过实验了解流体流动中能量损失的变化规律。

② 测定直管摩擦系数 λ 与雷诺准数 Re 的关系,将所得的 $\lambda\sim Re$ 方程与经验公式比较。

③ 测定流体流经阀门时的局部阻力系数 ξ。

④ 学会倒 U 形差压计、Pt100 温度传感器和转子流量计的使用方法。

⑤ 观察组成管路的各种管件、阀门,并了解其作用。

⑥ 孔板流量计校正。

2. 基本原理

同一流体流动阻力测定实验。

孔板流量计计算公式与参数(阻力、离心泵均适用)

(1) 计算公式　流量的测量使用孔板流量计,其换算公式为:

$$V = C_1 R^{C_2} \tag{4-8}$$

式中:V 为流量,[m^3/h];R 为孔板压差,[kPa];C_1、C_2 为孔板流量计参数。

(2) 参数

表 4-4　孔板流量计参数表

	1#	2#	3#	4#
C_1	1.55	1.59	1.66	1.75
C_2	0.51	0.51	0.51	0.51

3. 实验装置与流程

(1) 实验装置

实验装置如图 4-4 或 4-5 所示主要由水箱、泵,不同管径、材质的管子,各种阀门和管件、转子流量计等组成。第一根为不锈钢光滑管,第二根为粗糙管,分别用于光滑管和粗糙管湍流流体流动阻力的测定。第三根为不锈钢管,装有待测闸阀,用于局部阻力的测定。

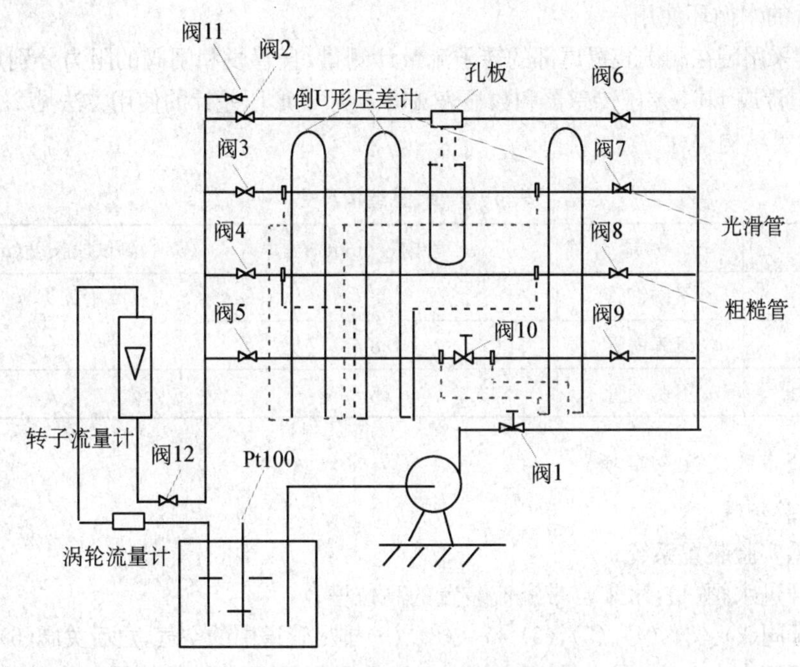

图 4-4　流体力学综合实验流程图

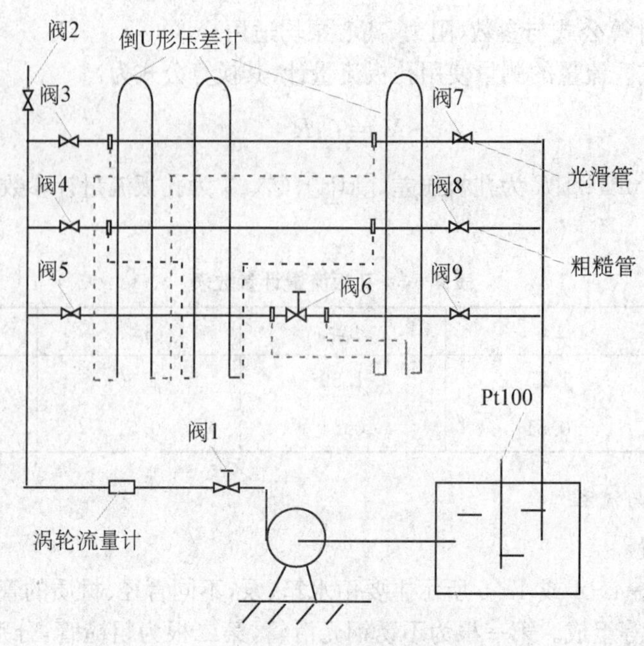

图 4-5　流体流动阻力测定实验流程图

本实验的介质为水，由离心泵供给（其位头约为 25 m），或由泵输送至高位槽使用，经实验装置后的水循环使用。

水流量采用装在测试装置尾部的转子流量计测量，直管段和闸阀的阻力分别用各自的倒 U 形差压计或 1151 差压传感器和数显表测得。倒 U 形压差计的使用方法见 2.2 节。

(2) 装置结构尺寸

表 4-5　装置结构尺寸

名称	材质	管内径(mm)	测试段长度(mm)
光滑管	不锈钢管	28	1.5
粗糙管	镀锌铁管	28	
局部阻力	不锈钢管	28	/

4. 实验步骤及注意事项

(1) 实验步骤：

① 熟悉实验装置系统；

② 打开进水阀(1)，水来自带溢流装置的高位槽；

③ 打开阀(2)、(3)、(4)、(5)、(6)、(7)、(8)、(9)排尽管道中的空气，之后关阀(6)、(2)；

④ 在管道内水静止(零流量)时，按 1.4(2)的倒 U 形压差计的使用方法，将三个倒 U 形差压计调节到测量压差正常状态；

⑤ 打开 1151 差压传感器的排污考克，排尽 1151 差压传感器的测压导管内的气泡，然后关闭考克。打开 1151 差压传感器数据测量仪电源，记录零点数值(或校零，校零由指导教师完成)；

⑥ 关闭阀(4)、(5)、(8)、(9)，打开阀(3)、(7)并调节流量使转子流量计的流量示值(转子

最大截面处对应的刻度值)分别为 2、3、4…110 m^3/h,测得每个流量(8～9 个)下对应的粗糙管(压差 mmH_2O),分别记下倒 U 形压差计或 1151 差压传感器测量仪表的读数。

注意:调节好流量后,须等一段时间,待水流稳定后才能读数,测完后关闭(3)、(7);

⑦ 关闭阀(3)、(5)、(7)、(9),打开阀(4)、(8)并调节流量使转子流量计的流量示值(转子最大截面处对应的刻度值)分别为 2、3、4…110 m^3/h,测得每个流量(8～9 个)下对应的光滑管(压差 mmH_2O),分别记下倒 U 形压差计或 1151 差压传感器测量仪表的读数。

注意:调节好流量后,须等一段时间,待水流稳定后才能读数,测完后关闭(4)、(8);

⑧ 关闭阀(3)、(4)、(7)、(8),打开阀(5)、(9),打开阀(10),测得闸阀全开时的局部阻力(流量设定为 2,3,4 m^3/h,测三个点对应的压差,以求得平均的阻力系数)。

(2) 倒 U 形管差压计的调节:同一、流体流动阻力测定实验。

(3) 注意事项:

开启、关闭管道上的各阀门及倒 U 型压差计上的阀门时,一定要缓慢开关,切忌用力过猛过大,防止测量仪表因突然受压、减压而受损(如玻璃管断裂,阀门滑丝等)。

5. 实验报告

同一、流体流动阻力测定实验。

6. 思考题

同一、流体流动阻力测定实验。

7. 实验数据记录及数据处理结果示例

同一、流体流动阻力测定实验。

实验二　流体输送实验

主题词　离心泵　结构　特性曲线

主要操作　泵的开、关　涡轮流量计、压力表的使用

流体输送章节主要内容:流体输送机械分类、离心泵的工作原理、离心泵的主要部件、气缚现象、性能常数、流量、扬程、轴功率、离心泵的特性曲线及其应用、汽蚀现象、选泵、组合操作、其他类型泵、气体输送机械、离心式通风机、离心式通风机的性能参数和特性曲线。

实验设计通常会有:离心泵性能曲线测定实验、风机性能曲线测定,但大都以离心泵性能曲线测定实验为主,然而必须有串、并联组合操作内容。

离心泵性能曲线测定实验

1. 实验目的

① 了解离心泵结构与特性,学会离心泵的操作。

② 测定恒定转速条件下离心泵的有效扬程(H)、轴功率(N)以及总效率(η)与有效流量(V)之间的曲线关系。

③ 掌握离心泵流量调节的方法和涡轮流量传感器及智能流量积算仪的工作原理和使用方法。

④ 学会用功率表测量电机功率的方法。

⑤ 学会压力表、真空表的工作原理和使用方法。

⑥ 掌握离心泵的串、并联组合操作，测定两泵串联时有效扬程(H)与有效流量(V)之间的曲线关系。

2. 基本原理

离心泵的特性曲线是选择和使用离心泵的重要依据之一，其特性曲线是在恒定转速下扬程 H、轴功率 N 及效率 η 与流量 V 之间的关系曲线，它是流体在泵内流动规律的外部表现形式。由于泵内部流动情况复杂，不能用数学方法计算这一特性曲线，只能依靠实验测定。

(1) 流量 V 的测定与计算

采用涡轮流量计测量流量，积算仪显示流量值 V(m^3/h)。

(2) 扬程 H 的测定与计算

在泵进、出口取截面列柏努利方程：

$$H = \frac{p_2 - p_1}{\rho g} + Z_2 - Z_1 + \frac{u_2^2 - u_1^2}{2g} \tag{4-9}$$

p_1，p_2为分别为泵进、出口的压强 Pa；ρ 为液体密度 kg/m^3；u_1，u_2为分别为泵进、出口的流量 m/s；g 为当地重力加速度 m/s^2。

当进出口管径一致、真空表和压力表安装高度一致，上式即为：

$$H = \frac{p_2 - p_1}{\rho g} \tag{4-10}$$

由式(4-10)可知：只要直接读出真空表和压力表上的数值，就可以计算出泵的扬程。注意：上式中 p_1应带入一个负的表压值。

本实验中，还采用 Pt-100 铂电阻温度传感器测温，负压传感器和压力传感器来测量泵进口、出口的负压和压强，由 16 路巡检仪显示温度、真空度和压力值。

(3) 轴功率 N 的测量与计算

采用功率表测量电机功率 $N_{电机}$，用电机功率乘以电机效率即得泵的轴功率。

$$N = N_{电机} \cdot \eta_{电机} \tag{4-11}$$

式中，N 为泵的轴功率，W。

(4) 转速 n 的测定与计算

泵轴的转速由磁电传感器采集，数值式转速表直接读出，单位：r. p. m.。

泵轴的转速再作特性曲线时选恒定转速，一般为 2 900 r. p. m.。

(5) 效率 η 的计算

泵的效率 η 为泵的有效功率 Ne 与轴功率 N_a的比值。有效功率 Ne 是流体单位时间内自泵得到的功，轴功率 N_a是单位时间内泵从电机得到的功，两者差异反映了水力损失、容积损失和机械损失的大小。

泵的有效功率 Ne 可用下式计算：

$$Ne = HeV\rho g \tag{4-12}$$

故

$$\eta = Ne/N = HeV\rho g/N_a \tag{4-13}$$

3. 实验装置流程图

(1) 单泵特性曲线测定

离心泵特性曲线测定系统装置工艺控制流程图如图 4－6 所示：

实验装置如图 4－6 所示，主要由水箱、泵、功率表、转速传感器、涡轮流量计、压差(正压、负压)传感器、不同管径材质的管子，各种阀门和管件等组成。

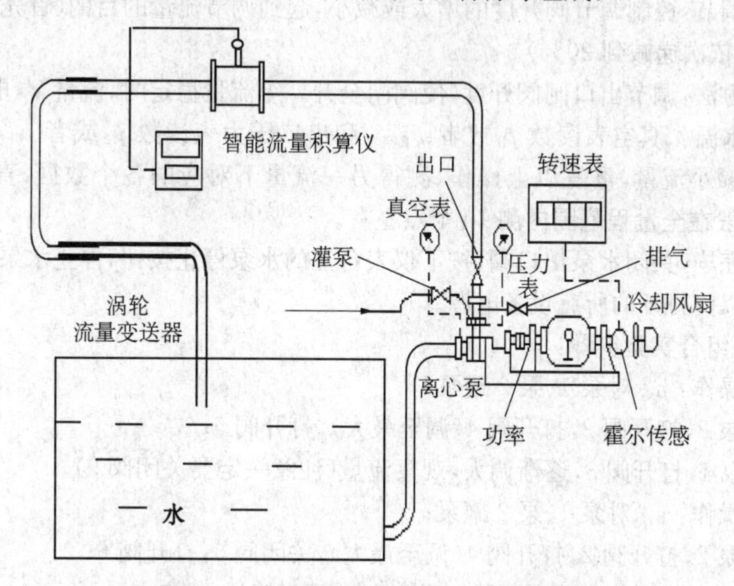

图 4－6　离心泵性能曲线测定实验装置图

(2) 双泵串并联特性曲线测定

离心泵组合特性曲线测定系统装置工艺控制流程图如图 4－7 所示：

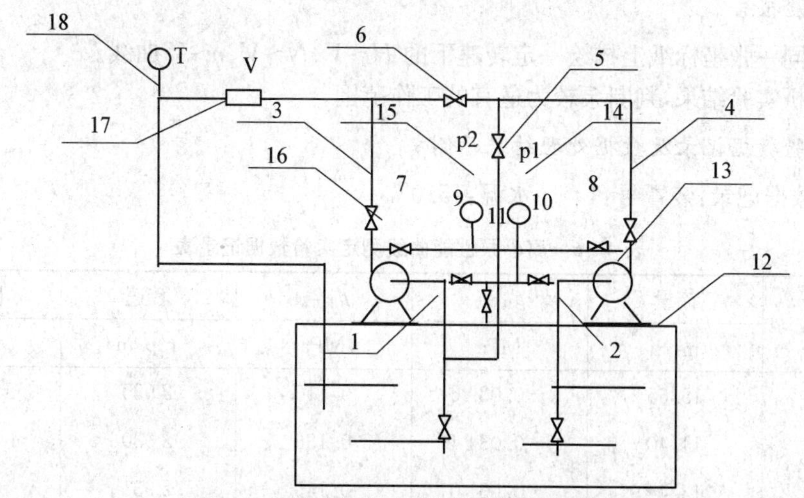

图 4－7　离心泵组合装置工艺控制流程图

1、2—底阀　3、4—出口闸阀　5、6—闸阀　7、8、9、10、11—球阀　12—水箱　13—离心泵 2　14—真空表　15—压力表　16—离心泵 1　17—涡轮流量计　18—温度计

4. 实验步骤

(1) 单泵测定实验步骤：

① 仪表通电：打开总电源开关，打开仪表电源开关。

② 关闭离心泵出口阀门，打开排气阀，打开离心泵灌水漏斗下的灌水阀，对水泵进行灌水；排水阀出水后关闭泵的灌水阀，再关闭排气阀。

③ 按下离心泵启动按钮，启动离心泵，这时离心泵启动按钮绿灯亮。启动离心泵后把出水阀开到最大，开始进行离心泵性能曲线测定实验。

④ 流量调节：控制调节阀开度的增大或减小，起到调节流量的目的(首先调到100%，再调到90%，依次递减到20%)。

⑤ 实验方法：调节出口闸阀开度，使阀门全开。等流量稳定时，流量 V，电轴功率 N、电机转速 n、水温 t、真空表读数 p_1 或者 $p_{真空表}$ 和出口压力表读数 p_2 或者 $p_{压力表}$ 读数并记录；关小阀门减小流量，重复以上操作，测得另一流量下对应的各个数据，直至流量为 2～3 m^3/h，一般在全量程范围内测 10 个点左右。

⑥ 实验完毕，关闭水泵出口阀，按下仪表台上的水泵停止按钮，停止水泵的运转。

⑦ 关闭以前打开的所有设备电源。

(2) 双泵组合实验步骤：

① 串联操作：a. 对泵 1、泵 2 罐泵；

b. 启动泵 2，打开阀 2，打开阀 4(调至最大)，打开阀 5；

c. 启动泵 1，打开阀 3，逐渐调大，观察流量(注意一定要关闭阀 9)。

② 并联操作：a. 对泵 1、泵 2 罐泵；

b. 启动泵 2，打开阀 2，打开阀 4(调至最大)，关闭阀 5，打开阀 6；

c. 启动泵 1，打开阀 1，打开阀 3，逐渐调大，观察流量。

③ 测定两泵串联和并联时有效扬程(H)与有效流量(V)之间的曲线关系。

④ 关闭以前打开的所有设备电源。

5. 实验报告

① 在同一张坐标纸上描绘一定转速下的 $H \sim V$、$N \sim V$、$\eta \sim V$ 曲线。

② 分析实验结果，判断泵较为适宜的工作范围。

6. 实验数据记录及数据处理结果示例

原始数据记录：装置号：1＃　水温：15.0℃

表 4-6 离心泵性能曲线测定实验数据记录表

实验次数	流量	$p_{真空表}$	$p_{压力表}$	转速	电功率
	m^3/h	MPa	MPa	r.p.m	kW
1	15.65	−0.039 6	0.110	2 925	1.447 5
2	14.40	−0.034 4	0.136	2 930	1.411 25
3	13.44	−0.031 0	0.145	2 931	1.365
4	12.48	−0.028 0	0.159	2 933	1.325

（续表）

实验次数	流量	$p_{真空表}$	$p_{压力表}$	转速	电功率
	m³/h	MPa	MPa	r. p. m	kW
5	11.52	−0.026 2	0.170	2 934	1.302 5
6	10.56	−0.024 0	0.179	2 938	1.246 25
7	9.6	−0.022 0	0.186	2 940	1.181 25
8	8.64	−0.021 8	0.194	2 942	1.131 25
9	7.68	−0.019 1	0.201	2 946	1.076 25
10	6.72	−0.018 0	0.204	2 949	1.017 5
11	5.76	−0.014 6	0.209	2 954	0.955

计算示例：

$$H=\frac{p_2-p_1}{\rho G}=\frac{(0.110+0.0396)\times 10^6}{9.81\times 1000}=15.27\ \text{m}$$

$$N=N_{电机}\cdot\eta_{电机}=1.4475\times 0.8=1.158\ \text{kW}$$

$$\eta=\frac{HV\rho g}{N}=\frac{15.27\times\frac{15.65}{3600}\times 1000\times 9.81}{1.158\times 1000}=0.562$$

结果列表：

实验次数	流量 V	扬程 H	轴功率 N	效率 η
	m³/h	m	kW	—
1	15.65	15.27	1.158	0.562
2	14.40	17.39	1.129	0.604
3	13.44	17.97	1.092	0.602
4	12.48	19.09	1.06	0.612
5	11.52	20.03	1.042	0.603
6	10.56	20.72	0.997	0.597
7	9.60	21.23	0.945	0.587
8	8.64	22.03	0.905	0.572
9	7.68	22.47	0.861	0.545
10	6.72	22.66	0.814	0.509
11	5.76	22.82	0.764	0.468

结果图形如图 4－8。

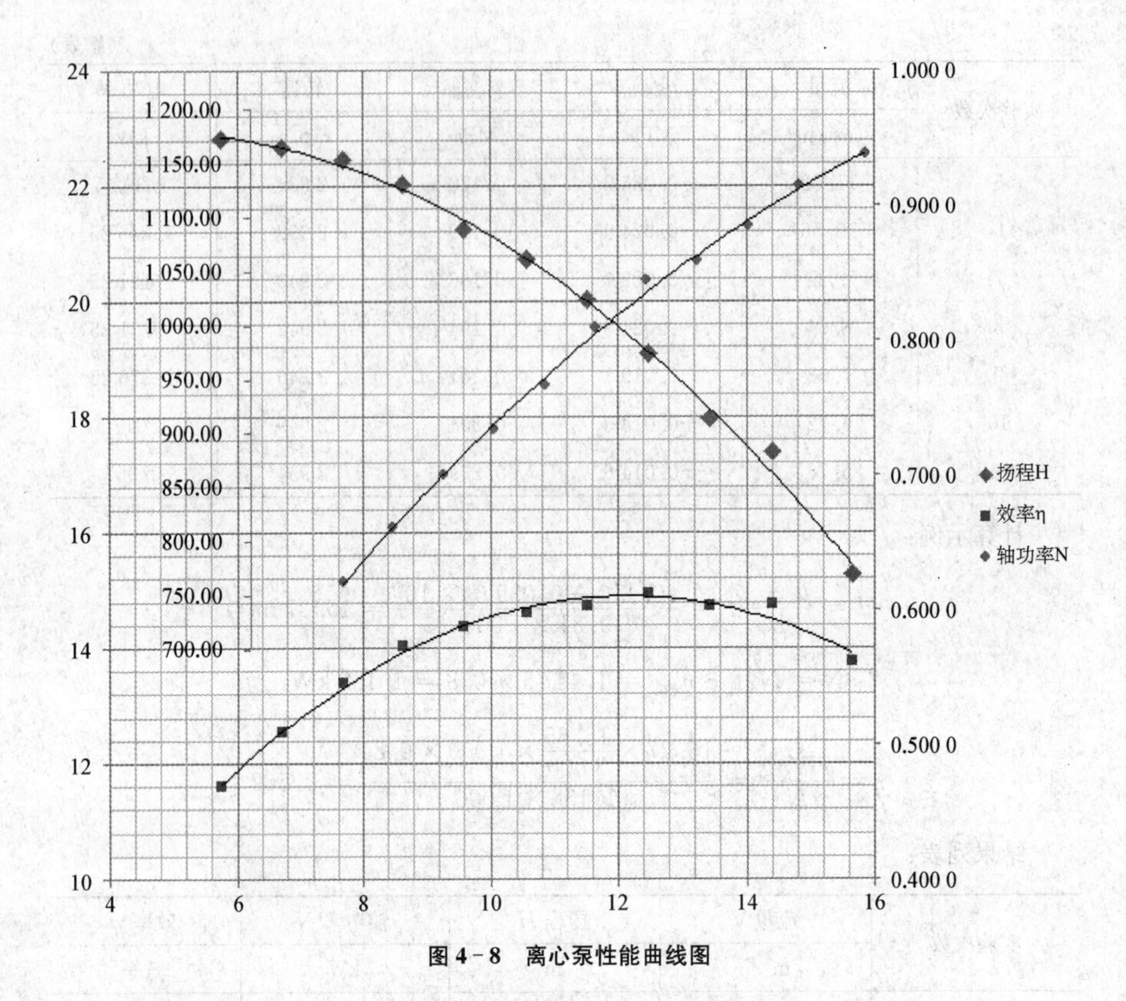

图 4-8　离心泵性能曲线图

7. 思考题

① 试从所测实验数据分析，离心泵在启动时为什么要关闭出口阀门？

② 启动离心泵之前为什么要引水灌泵？如果灌泵后依然启动不起来，你认为可能的原因是什么？

③ 为什么用泵的出口阀门调节流量？这种方法有什么优缺点？是否还有其他方法调节流量？

④ 正常工作的离心泵，在其进口管路上安装阀门是否合理？为什么？

实验三　颗粒流体力学及机械分离实验

主题词　恒压过滤　过滤常数　板框过滤机

主要操作　配制滤液　过滤操作　洗涤操作 空压机的使用

本章主要内容：非均相物系分离、重力沉降、离心沉降、离心沉降设备、旋风分离器、降尘室、过滤、过滤基本方程式、板框压滤机、叶滤机、回转真空过滤机。

本章实验设计项目主要有：

① 恒压过滤常数测定（板框压滤），主要采用板框压滤机验证过滤基本原理，测定过滤常数 K、q_e、τ_e及压缩性指数 s 的方法，学会滤饼洗涤。

② 恒压过滤常数测定（真空抽滤），采用真空抽滤测定过滤常数 K、q_e、τ_e。

③ 旋风分离器演示实验，演示气固分离。

④ 固体流态化实验。

一、恒压过滤常数测定实验

1. 实验目的

① 熟悉板框压滤机的构造和操作方法。

② 通过恒压过滤实验，验证过滤基本原理。

③ 学会测定过滤常数 K、q_e、τ_e及压缩性指数 s 的方法。

④ 了解操作压力对过滤速率的影响。

⑤ 学会滤饼洗涤操作。

2. 基本原理

过滤是以某种多孔物质作为介质来处理悬浮液的操作。在外力的作用下，悬浮液中的液体通过介质的孔道而固体颗粒被截流下来，从而实现固液分离，因此，过滤操作本质上是流体通过固体颗粒床层的流动，所不同的是这个固体颗粒层的厚度随着过滤过程的进行而不断增加，故在恒压过滤操作中，其过滤速率不断降低。

影响过滤速度的主要因素除压强差 Δp，滤饼厚度 L 外，还有滤饼和悬浮液的性质，悬浮液温度，过滤介质的阻力等，故难以用流体力学的方法处理。

比较过滤过程与流体经过固定床的流动可知：过滤速度即为流体通过固定床的表现速度 u。同时，流体在细小颗粒构成的滤饼空隙中的流动属于低雷诺数范围，因此，可利用流体通过固定床压降的简化模型，寻求滤液量与时间的关系，运用层流时泊唆叶公式不难推导出过滤速度计算式：

$$u=\frac{1}{K'}\frac{\varepsilon^3}{a^2\ (1-\varepsilon)^2}\cdot\frac{\Delta p}{\mu L} \tag{4-14}$$

式中，u 为过滤速度，m/s；

K'为康采尼常数，层流时，$K'=5.0$；ε 为床层的空隙率，m^3/m^3；a 为颗粒的比表面积，m^2/m^3；Δp 为过滤的压强差，Pa；μ 为滤液的粘度，Pa. s；L 为床层厚度，m。

由此可导出过滤基本方程式为

$$\frac{dV}{d\tau}=\frac{A^2\Delta p^{1-s}}{\mu r' v(V+Ve)} \tag{4-15}$$

式中，V 为滤液体积，m^3；τ 为过滤时间，s；A 为过滤面积，m^2；

S 为滤饼压缩性指数，无因次（一般情况下 $S=0\sim1$，对不可压缩滤饼 $S=0$）；r 为滤饼比阻，$1/m^2$，$r=5.0a^2(1-\varepsilon)^2/\varepsilon^3$；$r'$ 为单位压差下的比阻，$1/m^2$，$r=r'\Delta p^s$；v 为滤饼体积与相应滤液体积之比，无因次；Ve 为虚拟滤液体积，m^3。

恒压过滤时，令 $k=1/\mu r'v$，$K=2k\Delta p^{(1-s)}$，$q=V/A$，$q_e=Ve/A$ 对式(4-15)积分可得

$$(q+q_e)^2=K(\tau+\tau_e) \tag{4-16}$$

式中，q 为单位过滤面积的滤液体积，m^3/m^2；q_e 为单位过滤面积的虚拟滤液体积，m^3/m^2；τ_e 为虚拟过滤时间，s；K 为滤饼常数，由物料特性及过滤压差所决定，m^2/s。

K,q_e,τ_e 三者总称为过滤常数。利用恒压过滤方程进行计算时，必须首先需要知道 K、q_e、τ_e，它们只有通过实验才能确定。

对式(3-16)微分可得

$$\left.\begin{aligned}2(q+q_e)\mathrm{d}q&=K\mathrm{d}\tau\\ \frac{\mathrm{d}\tau}{\mathrm{d}q}&=\frac{2}{K}q+\frac{2}{K}q_e\end{aligned}\right\} \tag{4-17}$$

该式表明以 $\frac{\mathrm{d}\tau}{\mathrm{d}q}$ 为纵坐标，以 q 为横坐标作图可得一直线，直线斜率为 $2/K$，截距为 $2q_e/K$。在实验测定中，为便于计算，可用 $\frac{\Delta\tau}{\Delta q}$ 替代 $\frac{\mathrm{d}\tau}{\mathrm{d}q}$，把式(4-17)改写成

$$\frac{\Delta\tau}{\Delta q}=\frac{2}{K}q+\frac{2}{K}q_e \tag{4-18}$$

在恒压条件下，用秒表和量筒分别测定一系列时间间隔 $\Delta\tau_i(i=1、2、3\cdots)$ 及对应的滤液体积 $\Delta V_i(i=1、2、3\cdots)$，也可采用计算机软件自动采集一系列时间间隔 $\Delta\tau_i(i=1、2、3\cdots)$ 及对应的滤液体积 $\Delta V_i(i=1、2、3\cdots)$，由此算出一系列 $\Delta\tau_i,\Delta q_i,q_i$ 在直角坐标系中绘制 $\frac{\Delta\tau}{\Delta q}\sim q$ 的函数关系，得一直线。由直线的斜率便可求出 K 和 q_e，再根据 $\tau_e=q_e^2/K$，求出 τ_e。

改变实验所用的过滤压差 Δp，可测得不同的 K 值，由 K 的定义式两边取对数得

$$\lg K=(1-s)\lg(\Delta P)+\lg(2k) \tag{4-19}$$

在实验压差范围内，若 k 为常数，则 $\lg K\sim\lg(\Delta P)$ 的关系在直角坐标上应是一条直线，直线的斜率为 $(1-s)$，可得滤饼压缩性指数 s，由截距可得物料特性常数 k。

3. 实验装置流程图

本实验装置由空压机、配料槽、压力储槽、板框过滤机和压力定值调节阀等组成。其实验流程由图 4-9 所示。$CaCO_3$ 的悬浮液在配料桶内配置一定浓度后利用位差送入压力储槽中，用压缩空气加以搅拌使 $CaCO_3$ 不致沉降，同时利用压缩空气的压力将料浆送入板框过滤机过滤，滤液流入量筒或滤液量自动测量仪计量。

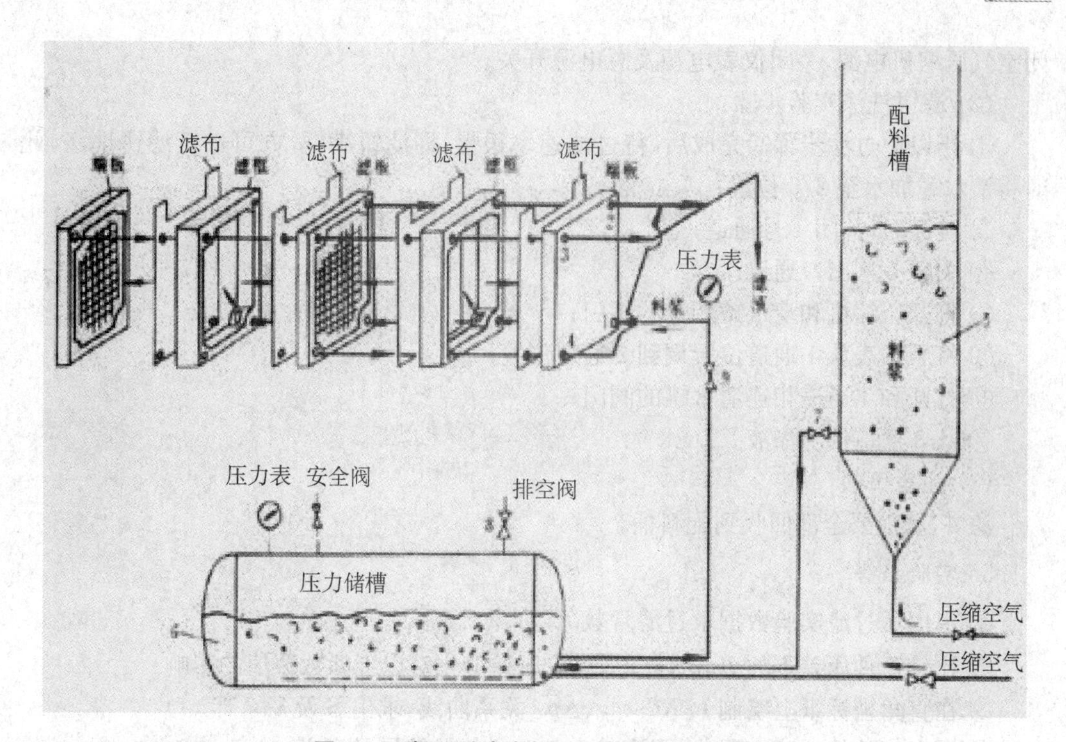

图 4-9 恒压过滤常数测定实验装置流程图

1—端板;2—滤布;3—滤框;4—洗涤板;5—配料槽;6—压力储槽;
7—料浆进口阀;8—放空阀;9—料浆进压滤机阀

板框过滤机的结构尺寸如下:框厚度 38 mm,每个框过滤面积 0.024 m^2,框数 2 个。

4. 实验步骤及注意事项

(1) 恒压过滤常数测定实验步骤:

① 配制含 $CaCO_3$ 4%左右($wt\%$)的水悬浮液;熟悉实验操作流程;

② 仪表通电:打开总电源空气开关,打开仪表电源开关;

③ 开启空气压缩机;

④ 正确装好滤板、滤框及滤布。滤布使用前先用水浸湿。滤布要绑紧,不能起皱(用丝杆压紧时,千万不要把手压伤,先慢慢转动手轮使板筐合上,然后再压紧);

⑤ 打开阀将压缩空气通入配料水,使 $CaCO_3$ 悬浮液搅拌均匀;

⑥ 打开压力料槽排气阀(8),打开阀(7),使料浆由配料桶流入压力料槽至 1/2~2/3 处,关闭阀(7);

⑦ 打开阀将压缩空气通入压力料槽;将压力调节至 0.5~0.7 MPa;

⑧ 打开阀(9),实验应在滤液从汇集管刚流出的时刻作为开始时刻,每次 ΔV 取为 800 mL左右,记录相应的过滤时间 $\Delta\tau$。要熟练双秒表轮流读数的方法。量筒交替接液时不要流失滤液。等量筒内滤液静止后读出 ΔV 值和记录 $\Delta\tau$ 值。测量 8~10 个读数即可停止实验。关闭阀(9),调节压力至 0.1~0.15 MPa,重复上述操作做中等压力过滤实验。关闭阀(9),调节压力至 0.25~0.3 MPa,重复上述操作做高压力过滤实验。

⑨ 实验完毕关闭阀(9),打开阀(7),将压力料槽剩余的悬浮液压回配料桶。

⑩ 打开排气阀,卸除压力料槽内的压力。然后卸下滤饼,清洗滤布、滤框及滤板。关

闭空气压缩机电源,关闭仪表电源及总电源开关。

(2) 滤饼洗涤实验步骤:

① 当以上过滤步骤⑨完成后,待过滤速率很慢,即滤饼满框,方可进行滤饼洗涤,此时将清水罐加水至 2/3 位置;

② 洗涤时,关闭 1 号通道;

③ 关闭 2、4 出口通道;

④ 打开压缩机和清水罐相连的阀门;

⑤ 将压强表从 1 通道位置调到 2 通道位置;

⑥ 打开和 4 通道相连清水罐的阀门;

⑦ 从 3 通道接洗涤液。

(3) 注意事项

滤饼、滤液要全部回收到配料桶。

5. 实验报告

① 由恒压过滤实验数据求过滤常数 K、q_e、τ_e;

② 比较几种压差下的 K,q_e,τ_e 值,讨论压差变化对以上参数数值的影响;

③ 在直角坐标纸上绘制 $\lg K \sim \lg(\Delta p)$ 关系曲线,求出 S 及 k;

④ 写出完整的过滤方程式,弄清其中各个参数的符号及意义。

6. 思考题

① 通过实验你认为过滤的一维模型是否适用?

② 当操作压强增加一倍,其 K 值是否也增加一倍? 要得到同样的过滤液,其过滤时间是否缩短了一半?

③ 影响过滤速率的主要因素有哪些?

④ 滤浆浓度和操作压强对过滤常数 K 值有何影响?

⑤ 为什么过滤开始时,滤液常常有点浑浊,而过段时间后才变清?

7. 实验数据记录及数据处理结果示例

实验装置:1#;过滤面积 0.048 m^2

表 4-7 恒压过滤常数测定实验数据记录表

实验序号	压力 p_1=0.1 MPa		压力 p_2=0.15 MPa		压力 p_3=0.20 MPa	
	滤液量 mL	时间 s	滤液量 mL	时间 s	滤液量 mL	时间 s
1	637	32.0	610	24.6	669	28.2
2	658	30.7	638	27.3	682	27.5
3	679	35.8	618	25.6	667	28.1
4	731	35.8	689	30.6	700	29.1
5	681	37.4	655	29.3	658	28.0
6	660	36.1	666	30.4	680	29.6
7	753	42.8	684	31.2	650	27.1
8	675	39.4	703	33.5	688	30.9

计算举例：以 $p=0.1$ MPa 时的第一组数据为例

过滤面积 $A=0.024\times2=0.048\ \text{m}^2$

$\Delta q_1=\Delta V/A=637\times10^{-6}/0.048=0.013\,27\approx0.013\,3\ \text{m}^3/\text{m}^2$

$\Delta\tau_1/\Delta q_1=32.0/0.013\,27=2\,411.45\approx2\,411.5\ \text{sm}^2/\text{m}^3$

$q_1=0+\Delta q_1=0.013\,27=0.013\,3\ \text{m}^3/\text{m}^2$，$q_2=q_1+\Delta q_2=0.013\,27+0.013\,71=0.02698\approx0.027\,0\ \text{m}^3/\text{m}^2$

在直角坐标系中绘制 $\Delta\tau/\Delta q\sim q$ 的关系曲线，如图 4-10(a)所示。从图 4-10(a)上读出斜率可求得 K。计算举例：在压力 $p=0.2$ MPa 时的 $\Delta\tau/\Delta q\sim q$ 直线上两点(0.040 0,2 000.0)和(0.070 3,2 042.6)在回归直线上，以此两点(或在直线上精确找出两点)计算斜率

$$\text{直线斜率}=(2\,042.6-2\,000.0)/(0.070\,3-0.040\,0)=2/K_3$$

$$K_3=0.001\,42\ \text{m}^2/\text{s}$$

表 4-8　计算结果

实验序号	$\Delta p=0.1$ MPa			$\Delta p=0.15$ MPa			$\Delta p=0.2$ MPa		
	Δq (m³/m²)	$\Delta\tau/\Delta q$ (sm²/m³)	q (m³/m²)	Δq (m³/m²)	$\Delta\tau/\Delta q$ (sm²/m³)	q (m³/m²)	Δq (m³/m²)	$\Delta\tau/\Delta q$ (sm²/m³)	q (m³/m²)
1	0.013 3	2 411.5	0.013 3	0.012 7	1 935.7	0.012 7	0.013 9	2 023.3	0.013 9
2	0.013 7	2 239.5	0.027 0	0.013 3	2 053.9	0.026 0	0.014 2	1 935.5	0.028 1
3	0.014 1	2 530.8	0.041 1	0.012 9	1 988.4	0.038 9	0.013 9	2 022.2	0.042 0
4	0.015 2	2 350.8	0.056 3	0.014 4	2 131.8	0.053 2	0.014 6	1 995.4	0.056 6
5	0.014 2	2 636.1	0.070 5	0.013 6	2 147.2	0.066 9	0.013 7	2 042.6	0.070 3
6	0.013 8	2 625.5	0.084 3	0.013 9	2 191.0	0.080 8	0.014 2	2 089.4	0.084 5
7	0.015 7	2 728.3	0.100 0	0.014 3	2 189.5	0.095 0	0.013 5	2 001.2	0.098 0
8	0.014 0	2 801.8	0.114 0	0.014 6	2 287.3	0.109 6	0.014 3	2 155.8	0.112 4
K(m²/s)	0.000 405 1			0.000 649 6			0.001 42		
K	p			lg K			lg P		
——	Pa			——			——		
0.000 405 1	100 000			−3.392 438			5		
0.000 649 6	150 000			−3.187 354			5.176 091 3		
0.001 420 0	200 000			−2.847 712			5.301 03		

将不同压力下测得的 K 值作 $\lg K\sim\lg\Delta p$ 曲线，如图 4-10(b)所示。斜率为 $(1-s)$，可计算 s。

$$s=0.232\,105$$

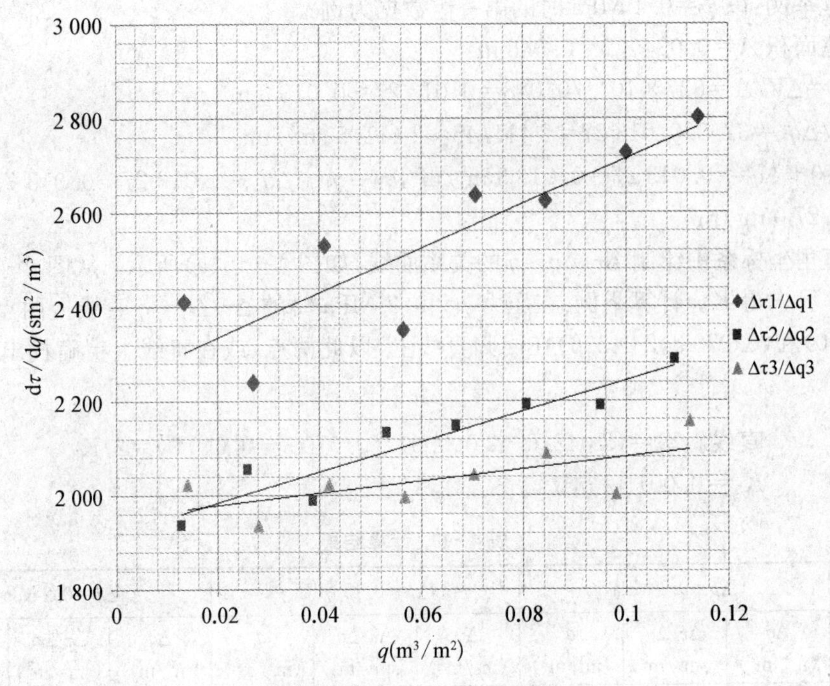

图 4-10(a) $d\tau/dq \sim q$ 曲线

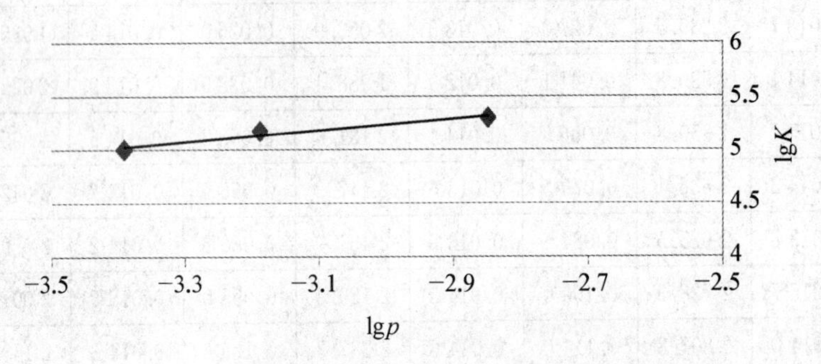

图 4-10(b) $\lg K \sim \lg p$ 曲线

二、恒压过滤常数测定(真空抽滤)实验

1. 实验目的

① 熟悉真空吸滤机的构造和操作方法。

② 通过恒压过滤实验,验证过滤基本原理。

③ 学会测定过滤常数 K、q_e、τ_e及压缩性指数 S 的方法。

④ 了解操作压力对过滤速率的影响。

⑤ 学习对正交试验法的实验结果进行科学的分析,分析出每个因素重要性的目的。学习用正交试验法来安排实验,达到最大限度地减小实验工作量,指出试验指标随各因素变化的趋势,了解适宜操作条件的确定方法。

2. 基本原理

同一、恒压过滤常数测定实验。

3. 实验装置流程图

实验装置流程如图 4－11。

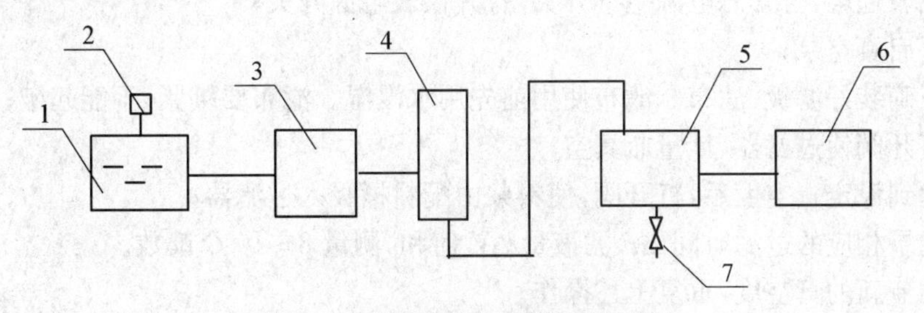

图 4－11　真空抽滤实验装置流程图

1—料浆桶；2—搅拌电机；3—过滤器；4—积液器；5—缓冲罐；6—真空泵；7—排污阀

设计参数：

过滤器：过滤面积 0.003 85 m^2，过滤压力：0～－0.08 MPa。

过滤常数 K：$1.0\times10^{-4}\sim5.0\times10^{-4}$ m^3/m^2，q_e：0.1～0.5，τ_e：100～400，压缩性指数 s：0.1～0.3，物性常数 k：$1.0\times10^{-9}\sim3.5\times10^{-9}$。

不锈钢管路、管件及阀门。

正泰电器：接触器、开关、漏电保护空气开关 2P63A。

不锈钢物料桶：ϕ400×500 mm，

不锈钢计量瓶：1 000 mL。

图 4－12　真空抽滤装置图

4. 实验步骤及注意事项

(1) 实验步骤

① 配制含 $CaCO_3$ 2%～4%(wt%)的水悬浮液；

② 调节调速器，搅拌料浆；

③ 仪表通电：打开总电源空气开关，打开仪表电源开关；

④ 开启真空泵；

⑤ 正确装好滤板、滤布。滤布使用前先用水浸湿。滤布要绑紧，不能起皱；

⑥ 打开阀使过滤器、计量瓶真空；

⑦ 达到设定真空度后，打开阀，使料浆由配料桶吸入过滤器；

⑧ 记录相应的过滤时间 $\Delta\tau$、滤液量 ΔV 值和，测量 8～10 个读数。

⑨ 调节新的真空度，重复上述操作。

(2) 注意事项

滤饼、滤液要全部回收到配料桶。

5. 实验报告

① 由恒压过滤实验数据求过滤常数 K、q_e、τ_e；

② 比较几种压差下的 K、q_e、τ_e 值，讨论压差变化对以上参数数值的影响。

三、固体流态化实验

1. 实验目的

① 观察聚式和散式流化现象；

② 掌握流体通过颗粒床层流动特性的测量方法；

③ 测定床层的堆积密度和空隙率；

④ 测定流化曲线($\Delta p \sim u$ 曲线)和临界流化速度 u_{mf}。

2. 基本原理

(1) 固体流态化过程的基本概念

将大量固体颗粒悬浮于运动的流体之中，从而使颗粒具有类似于流体的某些表观性质，这种流固接触状态称为固体流态化。而当流体通过颗粒床层时，随着流体速度的增加，床层中颗粒由静止不动趋向于松动。床层体积膨胀，流速继续增大至某一数值后，床层内固体颗粒上下翻滚，此状态的床层称为“流化床”。

床层高度 L、床层压强降 Δp 对流化床表观流速 u 的变化关系如图 3-13(a)、(b)所示。图中 b 点是固定床与流化床的分界点，也称临界点，这时的表观流速称为临界流速或称最小流化速度，以 u_{mf} 表示。

对于气固系统，气体和粒子密度相差大或粒子大时气体流动速度必然比较高，在这种情况下流态化是不平稳的，流体通过床层时主要是呈大气泡形态，由于这些气泡上升和破裂，床层界面波动不定，更看不到清晰的上界面，这种气固系统的流态化称为“聚式流态化”。

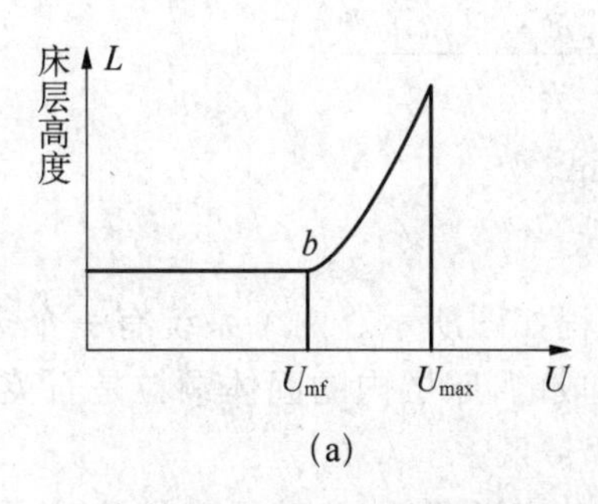

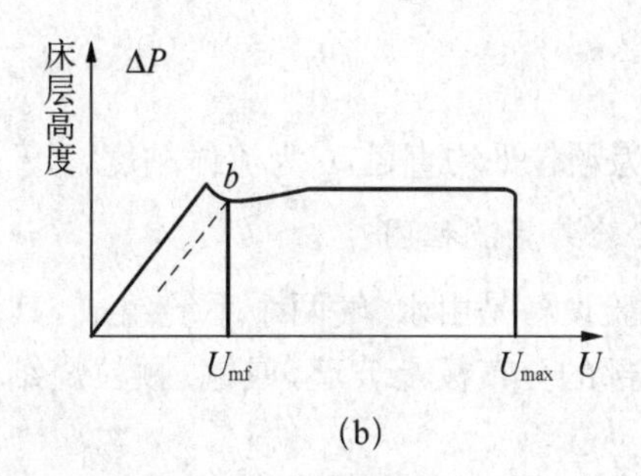

图 4-13　流化床的 L、ΔP 对流化床表观速度 u 的变化关系

对于液固系统，液体和粒子密度相差不大或粒子小、液体流动速度低的情况下，各粒子的运动以相对比较一致的路程通过床层而形成比较平稳的流动，且有相当稳定的上界面，由于固体颗粒均匀地分散在液体中，通常称这种流化状态为“散式流态化”。

(2) 床层的静态特性

床层的静态特性是研究动态特征和规律的基础，其主要特征（如密度和床层空隙率）的定义和测法如下：

① 堆积密度和静床密度 $\rho b=M/V$（气固体系）可由床层中的颗粒质量和体积算出，它与床层的堆积松紧程度有关，要求测算出最松和最紧两种极限状况下的数值。

② 静床空隙率 $\varepsilon=1-(\rho b/\rho s)$

(3) 床层的动态特征和规律

① 固定床阶段

床高基本保持不变，但接近临界点时有所膨胀。床层压降可用欧根（Ergun）公式表示。

$$\frac{\Delta p}{L}=K_1\frac{(1-\varepsilon)^2}{\varepsilon^3}\frac{\mu u}{(\varphi_s d_p)^2}+K_2\frac{(1-\varepsilon)}{\varepsilon^3}\frac{\rho u^2}{\varphi_s d_p}\tag{4-20}$$

式中，右边第一项为粘性阻力，第二项为空隙收缩放大而导致的局部阻力。欧根采用的系数 $K_1=150$，$K_2=1.75$。

数据处理时，要求根据所测数据确定 K_1，K_2 值并和欧根系数比较，将欧根公式改成

$$\frac{\Delta p}{uL}=K_1\frac{(1-\varepsilon)^2}{\varepsilon^3}\frac{\mu}{(\varphi_s d_p)^2}+K_2\frac{(1-\varepsilon)}{\varepsilon^3}\frac{\rho u}{\varphi_s d_p}\tag{4-21}$$

以$\dfrac{\Delta p}{uL}$、u 分别为纵、横坐标作图，从而求得 K_1、K_2。

② 流化床阶段

流化床阶段的压降可由下式表示：

$$\Delta p=L(1-\varepsilon)(\rho_s-\rho)g=W/A\tag{4-22}$$

数据处理时要求将计算值绘在曲线图上对比讨论。

(4) 临界流化速度 u_{mf}

u_{mf} 可通过实验测定，目前有许多计算 u_{mf} 的经验公式。当颗粒雷诺数$Re_p<5$ 时，可用李伐公式计算：

$$u_{mf}=0.00923\frac{d_p^{1.82}\left[\rho(\rho_s-\rho)\right]^{0.94}}{\mu^{0.88}\rho}\tag{4-23}$$

式中，d_p 为颗粒平均直径，μ 为流体粘度，$N\cdot s/m^2$。

3. 实验装置流程图

该实验设备是由水、气两个系统组成，其流程如图所示。两个系统有一个透明二维床。床底部的分布板是玻璃（或铜）颗粒烧结而成的，床层内的固体颗粒是石英砂（或玻璃球）。

用空气系统作实验时，空气由风机供给，经过流量调节阀、转子流量计（或孔板流量计）、再经气体分布器进入分布板，空气流经二维床中颗粒石英砂（或玻璃球）后从床层顶部排出。通过调节空气流量，可以进行不同流动状态下的实验测定。设备中装有压差计指示床层压降，标尺用于测量床层高度的变化。

用水系统作实验时，用泵输送的水经水调节阀、转子流量计、再经液体分布器送至分布板，水经二维床层后从床层上部溢流至下水槽。

颗粒特性及设备参数列于表 4-9 中。

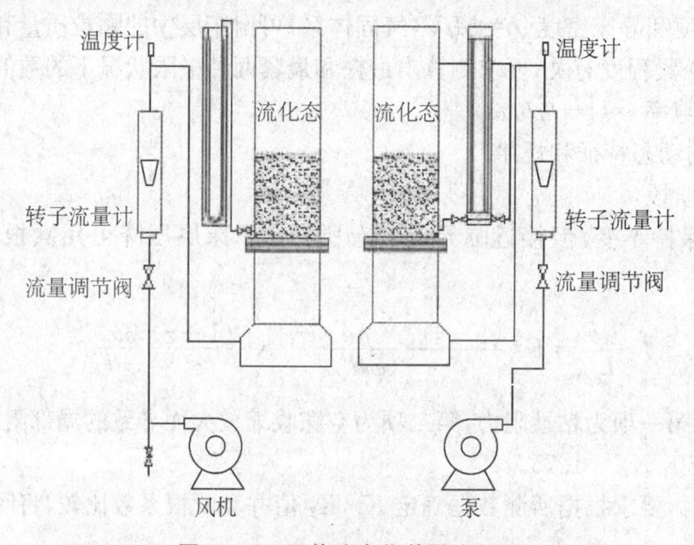

图 4-14　固体流态化装置流程图

表 4-9　固体流态化装置的颗粒特性及设备参数表

截面积 A mm^2	粒径 mm	粒重 W g	球形度 φ_s	颗粒密度 ρ_S kg/m^2
188×30	0.70	1 000	1.0	2 490

4. 实验步骤及注意事项

① 熟悉实验装置流程。

② 检查装置中各个开关及仪表是否处于备用状态。

③ 用木棒轻敲床层，测定静床高度。

④ 由小到大改变气（或液）量（注意：不要把床层内固体颗粒带出），记录各压差计及流量计读数，注意观察床层高度变化及临界流化状态时的现象，记录在直角坐标纸上作出

Δ与 u 曲线。

⑤ 利用固定床阶段实验数据,求取欧根系数,并进行讨论分析。

⑥ 求取实测的临界变化速度 u_{mf},并与理论值进行比较。对实验中观察到的现象,运用气(液)体与颗粒运动的规律加以解释。

6. 思考题

① 从观察到的现象,判断属于何种流化?

② 实际流化时,Δp 为什么会波动?

③ 由小到大改变流量与由大到小改变流量测定的流化曲线是否重合,为什么?

④ 流体分布板的作用是什么?

7. 实验数据记录及数据处理结果示例

实验装置:1#;实验温度:27 ℃;静床高度:143 mm;起始流化高度:146.5 mm。

表 4-10　固体流态化实验数据记录表

序号	流量	上行压差	下行压差
	m^3/h	mmH_2O	mmH_2O
1	2.5	6.7	6.8
2	3.0	8.2	8.1
3	3.5	9.9	9.8
4	4.0	11.3	11.1
5	4.5	13.4	12.8
6	5.0	15.3	15.9
7	5.5	17.1	17.7
8	6.0	18.8	19.0
9	6.5	20.5	20.0
10	7.0	21.6	20.4
11	7.5	21.7	20.7
12	8.0	21.8	21.4
13	9.0	21.8	21.6
14	9.5	22.0	21.9
15	10.0	22.1	22.0
16	10.5	21.9	22.0

计算示例:

流道面积:$A=188\times30=5\,640\ mm^2=0.005\,64\ m^2$

流速:$u=\dfrac{2.5}{0.005\,64\times3\,600}=0.123\,1\ m/s$

压差:$p=\dfrac{6.7\times10^{-3}\times101\,325}{10.33}=65.72\ Pa$

计算列表：

表 4－11　固体流态化实验数据计算列表

序号	流速	上行压差	下行压差
	m/s	Pa	Pa
1	0.123 1	65.712	66.70
2	0.147 8	80.43	79.45
3	0.172 4	97.11	96.13
4	0.197 0	110.84	108.88
5	0.221 6	131.44	125.55
6	0.246 3	150.07	155.96
7	0.270 9	167.73	173.62
8	0.295 5	184.41	186.37
9	0.320 1	201.08	196.18
10	0.344 8	211.87	200.10
11	0.369 4	212.85	203.04
12	0.394 0	213.83	209.91
13	0.443 3	213.83	211.87
14	0.467 9	215.79	214.81
15	0.492 5	216.77	215.79
16	0.517 1	214.81	215.79

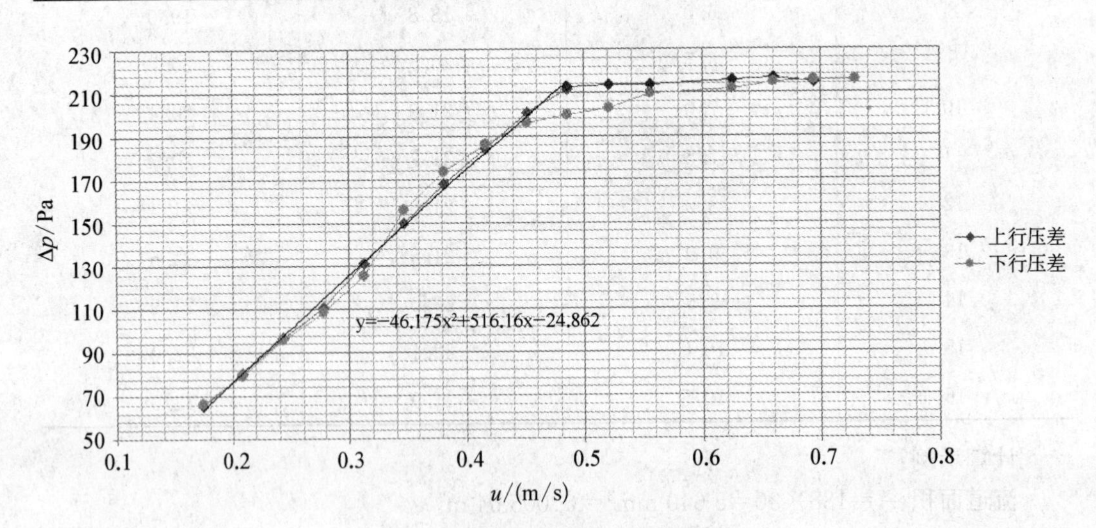

图 4－15　固体流态化实验结果图

由公式 4－22 得实验结果：$K_1=809.0$，$K_2=3.54$；

由图得 $u_{mf}=0.263$ m/s。

实验四　传热实验

主题词　列管式换热器 对流传热系数

主要操作　加热操作　串联　并联

本章主要内容：传热的基本方程式、间壁式换热器中的传热过程、热传导、傅立叶定律、对流传热、对流传热系数、传热计算、总传热系数、换热器、传热过程的强化。

本章实验设计项目主要有：

① 对流给热系数测定，主要以“套管换热器”传热实验，测定对流给热系数及总传热系数。

② 换热系数测定，主要以“列管换热器”传热实验测定传热系数，同时学会换热器串并联操作及换热系数测定。

一、对流给热系数测定实验

1. 实验目的

① 观察水蒸气在水平管外壁上的冷凝现象；

② 测定空气或水在圆形直管内强制对流给热系数；

③ 测定蒸汽在水平管外冷凝给热系数；

④ 掌握热电阻(偶)测温方法；

⑤ 掌握涡轮流量传感器和智能流量积算仪的工作原理和使用方法。

2. 基本原理

在套管换热器中，环隙通以水蒸气，内管管内通以空气或水，水蒸气冷凝放热以加热空气或水，在传热过程达到稳定后，有如下关系式：

$$V\rho C_P(t_2-t_1)=\alpha_0 A_0(T-T_W)_m=\alpha_i A_i(t_w-t)_m \tag{4-24}$$

式中：V 为被加热流体体积流量，m^3/s；ρ 为被加热流体密度，kg/m^3；C_P 为被加热流体平均比热，J/(kg・℃)；α_0、α_i 为水蒸气对内管外壁的冷凝给热系数和流体对内管内壁的对流给热系数，W/(m^2・℃)；t_1、t_2 为被加热流体进、出口温度，℃；A_0、A_i 为内管的外壁、内壁的传热面积，m^2；$(T-T_W)_m$ 为水蒸气与外壁间的对数平均温度差，℃；

$$(T-Tw)_m=\frac{(T_1-T_{w1})-(T_2-T_{w2})}{\ln\dfrac{T_1-T_{w1}}{T_2-T_{w2}}} \tag{4-25}$$

$(t_w-t)_m$ 为内壁与流体间的对数平均温度差，℃；

$$(t_w-t)_m=\frac{(t_{w1}-t_1)-(t_{w2}-t_2)}{\ln\dfrac{t_{w1}-t_1}{t_{w2}-t_2}} \tag{4-26}$$

式中：T_1、T_2为蒸汽进、出口温度，℃；T_{w1}、T_{w2}、t_{w1}、t_{w2}为外壁和内壁上进、出口温度，℃。

当内管材料导热性能很好，即λ值很大，且管壁厚度很薄时，可认为$T_{w1}=t_{w1}$，$T_{w2}=t_{w2}$，即为所测得的该点的壁温。

由式(4-26)可得：

$$\alpha_0=\frac{V\rho C_P(t_2-t_1)}{A_0\ (T-Tw)_m} \tag{4-27}$$

$$\alpha_i=\frac{V\rho C_P(t_2-t_1)}{A_0\ (t_w-t)_m} \tag{4-28}$$

若能测得被加热流体的V、t_1、t_2，内管的换热面积A_0或A_i，以及水蒸气温度T，壁温T_{w1}、T_{w2}，则可通过式(4-27)算得实测的水蒸气(平均)冷凝给热系数α_0；通过式(4-28)算得实测的流体在管内的(平均)对流给热系数α_i。

在水平管外，蒸汽冷凝给热系数(膜状冷凝)，可由下列半经验公式求得：

$$\alpha_0=0.725\left(\frac{\rho^2 g\lambda^3 r}{\mu d_0\Delta t}\right)^{1/4} \tag{4-29}$$

式中：α_0为蒸汽在水平管外的冷凝给热系数，W/(m^2·℃)；λ为水的导热系数，W/(m^2·℃)；g为当地重力加速度，9.81 m/s^2；ρ为水的密度，kg/m^3；r为饱和蒸汽的冷凝潜热，J/kg；μ为水的粘度，N·s/m^2；d_0为内管外径，m；Δt为蒸汽的饱和温度t_s和壁温t_w之差，℃。

上式中，定性温度除冷凝潜热为蒸汽饱和温度外，其余均取液膜温度，即$t_m=(t_s+t_w)/2$，其中：$t_w=(T_{w1}+T_{w2})/2$。

流体在直管内强制对流时的给热系数，可按下列半经验公式求得：

湍流时：
$$\alpha_i=0.023\frac{\lambda}{d_i}Re^{0.8}Pr^{0.4} \tag{4-30}$$

式中：α_i为流体在直管内强制对流时的给热系数，W/(m^2·℃)；λ为流体的导热系数，W/(m^2·℃)；d_i为内管内径，m；Re为流体在管内的雷诺数，无因次；Pr为流体的普朗特数，无因次。

上式中，定性温度均为流体的平均温度，即$t_f=(t_1+t_2)/2$。

过渡区时：
$$\alpha_i'=\varphi\alpha_i \tag{4-31}$$

式中：φ为修正系数，$\varphi=1-\dfrac{6\times10^5}{Re^{1.8}}$。

3. 实验装置与流程

(1) 实验装置

本实验装置由蒸汽发生器、LWQ-25型涡轮流量变送器、套管换热器及温度传感器、智能显示仪表等构成。其实验装置流程图如图4-16所示。

水蒸气-空气体系：来自蒸汽发生器的水蒸气进入玻璃套管换热器，与来自旋涡气泵的空气进行热交换，冷凝水经管道排入地沟。冷空气经LWQ-25型涡轮流量计进入套管换热器内管(紫铜管)，热交换后放空。空气流量可用阀门调节。

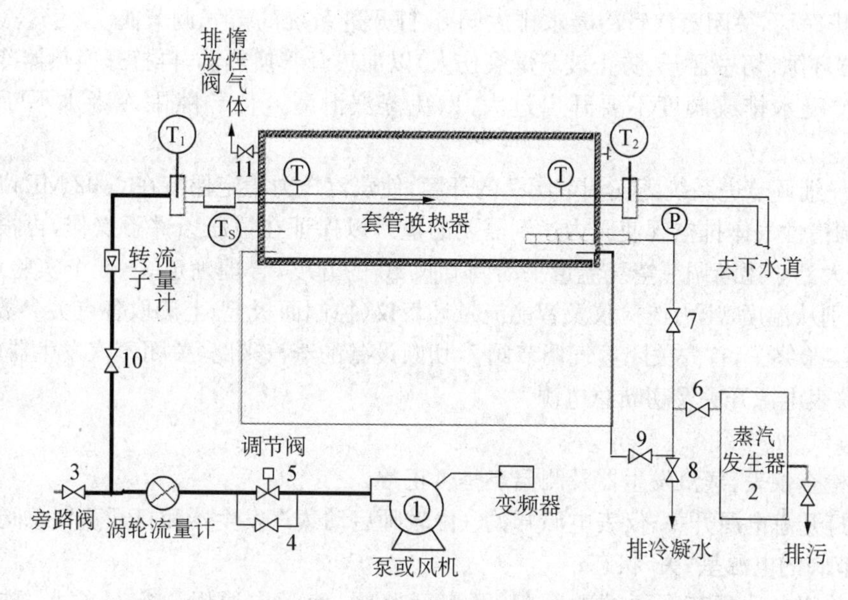

图 4-16　水蒸气～水(或空气)对流给热系数测定实验流程图

1—水泵或旋涡气泵；2—蒸汽发生器；3、4—旁路阀；5—电动调节阀；6—蒸汽总阀
7—蒸气调节阀；8、9—冷凝水排放阀；10—流量调节阀、转子流量计；11—惰性气体排放阀

水蒸气-水体系：来自蒸汽发生器的水蒸气进入玻璃套管换热器，与来自高位槽的水进行热交换，冷凝水经管道排入地沟。冷水经电动调节阀和 LWQ-15 型涡轮流量计进入套管换热器内管(紫铜管)，热交换后进入下水道。水流量可用阀门调节或电动调节阀自动调节。

(2) 设备与仪表规格

① 紫铜管规格：直径 $\phi16\times1.5$ mm，长度 $L=1\ 010$ mm；

② 外套玻璃管规格：直径 $\phi112\times6$ mm，长度 $L=1\ 010$ mm；

③ 旋涡气泵：XGB-12 型，风量 0～90 m^3/h，风压 12 kPa；

④ 压力表规格：0～0.1 MPa；

⑤ 涡轮流量计：LWY-15；

⑥ 转子流量计：LZB-15，400～4 000 L/h。

4. 实验步骤及注意事项

(1) 实验步骤

水蒸气-空气体系：

① 检查仪表、风机、蒸汽发生器及测温点是否正常，检查进系统的蒸气调节阀 7 是否关闭；

② 打开总电源开关、仪表电源开关、(由教师启动蒸汽发生器和打开蒸气总阀 6)；

③ 开启变频器，启动旋涡气泵 1；

④ 调节手动调节阀 10 的开度，阀门全开使风量达到最大；

⑤ 排除蒸汽管线中原积存的冷凝水(方法是：关闭进系统的蒸气调节阀 7，打开蒸汽管冷凝水排放阀 8)；

⑥ 排净后，关闭蒸汽管冷凝水排放阀 8，打开进系统的蒸气调节阀 7，使蒸汽缓缓进入换热器环隙（切忌猛开，防止玻璃爆裂伤人）以加热套管换热器，再打开换热器冷凝水排放阀 9（冷凝水排放阀度不要开启过大，以免蒸汽泄漏），使环隙中冷凝水不断地排至地沟；

⑦ 仔细调节进系统蒸气调节阀 7 的开度，使蒸汽压力稳定保持在 0.02 MPa 以下（可通过微调惰性气体排空阀使压力达到需要的值），以保证在恒压条件下操作，再根据测试要求，由大到小逐渐调节空气流量手动调节阀 10 的开度，合理确定 3～6 个实验点，待稳定后，分别从温度、压力巡检仪及智能流量计算仪（控制面板上）上读取各有关参数；

⑧ 实验终了，首先关闭蒸气调节阀 7，切断设备的蒸汽来路，关闭蒸汽发生器（由教师完成）、仪表电源开关及切断总电源。

水蒸气-水体系

① 检查仪表、蒸汽发生器及测温点是否正常；

② 打开总电源开关、仪表电源开关、（由教师启动蒸汽发生器和打开蒸气总阀 6）并使电动调节阀的电源呈“关”状态；

③ 关闭电动调节阀两端的阀门，开启旁路阀，使管内通以一定量的水，排除管内空气；

④ 排除蒸汽管线中原积存的冷凝水（方法是：关闭进系统的蒸气总阀 6，打开蒸汽管凝结水排放阀 7）；

⑤ 排净后，关闭蒸汽管凝结水排放阀 7，打开进系统的蒸气调节阀 7，使蒸汽缓缓进入换热器环隙（切忌猛开，防止玻璃炸裂伤人）以加热套管换热器，再打开换热器冷凝水排放阀 9（冷凝水排放阀的开度不要开启过大，以免蒸汽泄漏），使环隙中冷凝水不断地排至地沟；

⑥ 仔细调节进系统蒸气调节阀 7 的开度，使蒸汽压力稳定保持在 0.02 MPa 以下（可通过微调惰性气体排空阀使压力达到需要的值），以保证在恒压条件下操作，再根据测试要求，由大到小逐渐调节空气流量手动调节阀 10 的开度，合理确定 3～6 个实验点，待稳定后，分别从温度、压力巡检仪及智能流量计算仪（控制面板上）上读取各有关参数；

⑦ 实验结束，首先关闭蒸汽源总阀，切断设备的蒸汽来路，经一段时间后，在关闭水手动旁路调节阀，然后关闭蒸汽发生器（由教师完成）、仪表电源开关及切断总电源。

(2) 注意事项

① 一定要在套管换热器内管输以一定量的空气或水，方可开启蒸汽阀门，且必须在排除蒸汽管线上原先积存的凝结水后，方可把蒸汽通入套管换热器中。

② 开始通入蒸汽时，要缓慢打开蒸汽阀门，使蒸汽徐徐流入换热器中，逐渐加热，由“冷态”转变为“热态”不得少于 20 min，以防止玻璃管因突然受热、受压而爆裂。

③ 操作过程中，蒸汽压力一般控制在 0.02 MPa（表压）以下，因为在此条件下压力比较容易控制。

④ 测定各参数时，必须是在稳定传热状态下，并且随时注意惰气的排空和压力表读数的调整。每组数据应重复 2～3 次，确认数据的再现性、可靠性。

5. 实验报告

① 将冷流体给热系数的实验值与理论值列表比较，计算各点误差，并分析讨论。

② 说明蒸汽冷凝给热系数的实验值和冷流体给热系数的实验值和对流体给热系数实验值的变化规律。

③ 按冷流体给热系数的模型式：$Nu/\mathrm{Pr}^{0.4}=A\mathrm{Re}^m$，确定式中常数 A 及 m。

6. 思考题

① 实验中冷流体和蒸汽的流向，对传热效果有何影响？

② 蒸汽冷凝过程中，若存在不冷凝气体，对传热有何影响、应采取什么措施？

③ 实验过程中，冷凝水不及时排走，会产生什么影响？如何及时排走冷凝水？

④ 实验中，所测定的壁温是靠近蒸汽侧还是冷流体侧温度？为什么？

⑤ 如果采用不同压强的蒸汽进行实验，对 α 关联式有何影响？

7. 实验数据记录及数据处理结果示例

4＃空气-水蒸气体系：实验压力：$p=0.02$ MPa

表 4-12　对流给热系数测定实验数据记录表

实验次数	流量 V (m^3/h)	t_1 (℃)	t_2 (℃)	T_{W11} (℃)	T_{W12} (℃)	T_{W13} (℃)	T_{W21} (℃)	T_{W22} (℃)	T_{W23} (℃)	T_1 (℃)	T_2 (℃)
1	1.60	13.1	26.5	88.8	90.9	76.3	80.6	79.8	75.1	103.5	101.1
2	1.07	13.1	30.4	92.1	94.8	81.8	84.6	84.2	80.9	104.4	102.1
3	0.58	13.1	38.8	95.3	97.7	89.8	88.1	87.5	86.6	104.6	102.4

计算说明：

定性温度 $t_m=(t_1+t_2)/2=19.8$℃

19.8℃时查附录可得水的物性参数：

$c_p=4.185\times10^3\ \mathrm{J/(kg\cdot K)}$　$\rho=998.24\ \mathrm{kg/m^3}$　$t_s=120$℃

$\lambda=67.002\times10^{-2}\ \mathrm{W/(mK)}$　$\mu=0.001\,010$ Pas $r=2\,205.2$ kJ/kg

$T_{W1}=(T_{W11}+T_{W12}+T_{W13})/3=85.33$℃

$t_{w1}\approx T_{W1}=85.33$℃

$T_{W2}=(T_{W21}+T_{W22}+T_{W23})/3=78.53$℃

$t_{w2}\approx T_{W2}=78.53$℃

$T_1-T_{W1}=103.5-85.33=18.17$℃

$T_2-T_{W2}=101.1-78.53=22.57$℃

$t_{w1}-t_1=85.33-13.1=72.23$℃

$t_{w2}-t_2=78.53-26.5=52.03$℃

$$(T-Tw)_m=\frac{(T_1-T_{w1})-(T_2-T_{w2})}{\ln\dfrac{T_1-T_{w1}}{T_2-T_{w2}}}=\frac{18.17-22.57}{\ln\dfrac{18.17}{22.57}}=20.29℃$$

$$(t_w-t)_m=\frac{(t_{w1}-t_1)-(t_{w2}-t_2)}{\ln\dfrac{t_{w1}-t_1}{t_{w2}-t_2}}=\frac{72.23-52.03}{\ln\dfrac{72.23}{52.03}}=61.58℃$$

紫铜管规格：直径 $\phi16\times1.5$ mm，长度 $L=1\,010$ mm

$$A_i=\pi d_i L=3.14\times(0.016-0.001\,5\times2)\times1.01=0.041\,23\ \text{m}^2$$

$$A_0=\pi d_0 L=3.14\times0.016\times1.01=0.050\,74\ \text{m}^2$$

$$\alpha_0=\frac{V\rho C_P(t_2-t_1)}{A_0(T-Tw)_m}=\frac{\frac{1.6}{3\,600}\times998.24\times4.185\times10^3\times(26.5-13.1)}{0.050\,74\times20.29}$$
$$=24\,166.86\ \text{W/(m}^2\cdot\text{K)}$$

$$\alpha_i=\frac{V\rho C_P(t_2-t_1)}{A_i(t_w-t)_m}=\frac{\frac{1.6}{3\,600}\times998.24\times4.185\times10^3\times(26.5-13.1)}{0.041\,23\times61.58}$$
$$=9\,799.40\ \text{W/(m}^2\cdot\text{K)}$$

K 可由下式得：

$$\frac{1}{K_0}=\frac{1}{\alpha_0}+\frac{bd_0}{\lambda d_m}+\frac{d_0}{\alpha_i d_i}$$

也可由如下计算

$$K_0A_0\Delta t_m=V\rho C_p(t_2-t_1)$$

$$\Delta t_m=\frac{(T_2-t_1)-(T_1-t_2)}{\ln\frac{T_2-t_1}{T_1-t_2}}=\frac{(101.1-13.1)-(103.5-26.5)}{\ln\frac{101.1-13.1}{103.5-26.5}}=82.38℃$$

$$K_0=\frac{V\rho C_p(t_2-t_1)}{A_0\Delta t_m}=\frac{\frac{1.6}{3\,600}\times998.24\times4.185\times10^3\times(26.5-13.1)}{0.050\,74\times82.38}$$
$$=5\,952.23\ \text{W/(m}^2\text{K)}$$

在水平管外，蒸汽冷凝给热系数(膜状冷凝)的半经验式：

$$\alpha_0=0.725\left(\frac{\rho^2g\lambda^3r}{\mu d_0\Delta t}\right)^{1/4}$$

流体在直管内强制对流时的给热系数的半经验式：

$$\alpha_i=0.023\frac{\lambda}{d_i}Re^{0.8}\,Pr^{0.4}=0.023\frac{\lambda}{d_i}\left(\frac{4V\rho}{\pi d_i\mu}\right)^{0.8}\ \left(\frac{c_p\mu}{\lambda}\right)^{0.4}$$

表 4-13 对流给热系数测定实验结果表

实验次数	流量 V (m^3/h)	Nu	Re	Pr	$Nu\cdot Pr^{-0.4}$	α_i $W\cdot m^{-2}\cdot K^{-1}$	α_0 $W\cdot m^{-2}\cdot K^{-1}$	K_0 $W\cdot m^{-2}\cdot K^{-1}$
1	1.60	255.835	43 018.89	7.051 2	117.127	9 799.40	24 166.86	5 952.23
2	1.07	188.430	30 190.23	6.665 3	88.231	8 150.61	25 274.07	5 210.34
3	0.58	119.330	18 046.98	5.953 1	58.459	6 606.70	27 228.05	4 430.09

实验结果可和上两半经验式计算值相比较。

二、列管换热器传热实验

1. 实验目的

① 掌握列管换热器单管路、串联管路、并联管路操作；

② 测定水在列管换热器内换热时的总传热系数；

③ 掌握热电阻测温方法。

2. 实验原理

在列管换热器中，环隙内通以热水，内管管内通以冷水，在传热过程达到稳定时，有如下关系式：

$$V\rho C_P(t_2-t_1)=K_iA_i\Delta t_m$$

式中：V 为被加热的冷流体体积流量，m^3/s；ρ 为被加热的冷流体密度，kg/m^3；C_P 为被加热的冷流体平均比热，J/(kg·℃)；K_i 为管内总传热系数，W/(m^2·℃)；t_1、t_2 为被加热的冷流体的进、出口温度，℃；A_i 为内管内壁的传热面积，m^2。

若能测得被加热的水的 V、t_1、t_2，内管的换热面积 A_i，通过上式计算得实测的冷流体在管内的总传热系数 K_i。

3. 实验流程与装置

(1) 实验装置

本实验装置由蒸汽发生器、LZB－25 转子流量计、套管换热器及温度传感器、智能显示仪表等构成。其实验装置流程如图 4－17 所示。

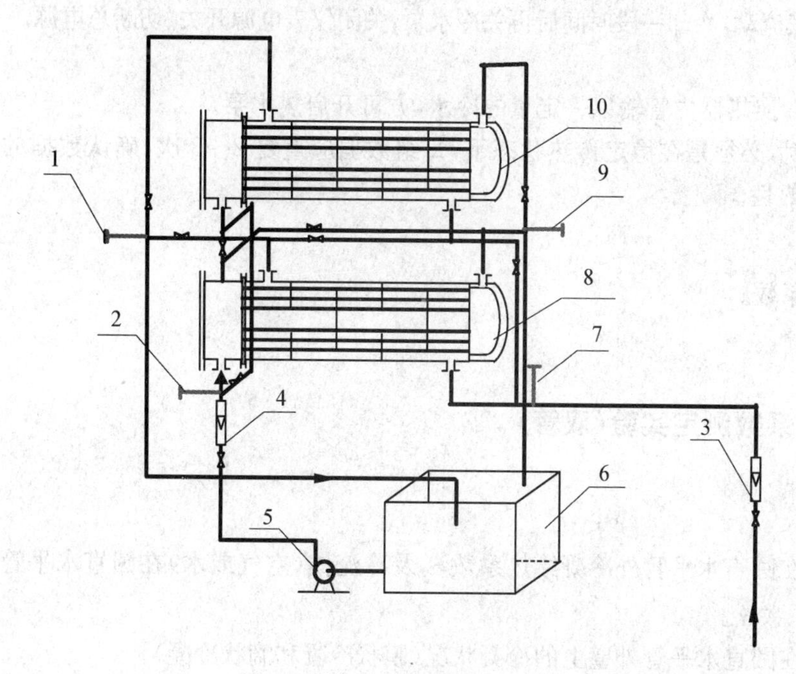

1、2、7、9—温度计；
3—冷水流量计；
4—热水流量计；
5—热水循环泵
6—热水加热水箱；
8、10—列管换热器

图 4－17　列管换热器传热实验装置流程图

如图:由泵将控温水箱的热水打入列管换热器,与来自自来水的冷水进行热交换。冷水经 LZB-25 型转子流量计进入列管换热器内管,热交换后放入下水道。热水流量可用阀门调节、转子流量计计量。

(2) 设备与仪表规格

① 内管规格:直径 ϕ10×1 mm,长度 L=600 mm,41 根;

② 列管外管规格:直径 ϕ160×5 mm,长度 L=600 mm;

③ 水泵:25HBFX-8,4 m^3/h,8 m,0.55 kW;

④ 温度计规格:Pt-100 铂电阻;

⑤ 转子流量计:LZB-25 型。

4. 操作步骤

(1) 实验步骤

① 打开总电源开关、仪表电源开关;

② 启动热水控温仪表,设定 60℃,加热水箱水;

③ 温度恒定后,打开冷水阀,选择合适的流量;

④ 启动热水离心泵,输送热水进换热器,调节流量;

⑤ 待温度、流量稳定后,测定冷、热水流量,测定冷进温度、冷出温度、热进温度、热出温度;

⑥ 调节冷水流量,继续实验测定;

⑦ 将换热器调节为串联状态,继续实验;

⑧ 将换热器调节为并联状态,继续实验;

⑨ 关闭热水泵;

⑩ 让冷流体继续流动,冷却一段时间后再关冷水泵,关闭仪表电源开关、切断总电源。

(2) 注意事项

① 一定要在列管换热器内管输以一定量的冷水,方可开启热水泵。

② 测定各参数时,必须是在稳定传热状态下,每组数据应重复 2~3 次,确认数据的稳定性、重复性和可靠性。

5. 实验报告

① 计算总传热系数。

② 比较变化规律。

三、对流给热系数测定实验(双管)

1. 实验目的

① 测定水蒸气在圆直水平管外冷凝给热系数 α_0 及冷流体(空气或水)在圆直水平管内的强制对流给热系数 α_i。

② 观察水蒸气在圆直水平管外壁上的冷凝状况(膜状冷凝和滴状冷凝)。

③ 比较光滑管和强化管传热系数的变化。

2. 实验原理

(1) 串联传热过程

冷流体(空气和水)与热流体水蒸气通过套管换热器的内管管壁发生热量交换的过程可分为三步：

① 套管环隙内的水蒸气通过冷凝给热将热量传给圆直水平管的外壁面(A_0)；

② 热量从圆直水平管的外壁面以热传导的方式传至内壁面(A_i)；

③ 内壁面通过对流给热的方式将热量传给冷流体(V_c)。

在实验中，水蒸气走套管换热器的环隙通道，冷流体走套管换热器的内管管内，当冷、热流体间的传热达到稳定状态后，根据传热的三个过程、牛顿冷却定律及冷流体得到的热量，可以计算出冷热流体的给热系数(以上是实验原理)。

(以下是计算方法)传热计算公式如下：

$$Q = \alpha_0 A_0 (T - T_w)_m = \alpha_i A_i (t_w - t)_m = V_c \rho_c C_{pc} (t_2 - t_1) \tag{4-32}$$

由(1)式可得：

$$\alpha_0 = \frac{V_c \rho_c C_{pc} (t_2 - t_1)}{A_0 (T - T_w)_m} \tag{4-33}$$

$$\alpha_i = \frac{V_c \rho_c C_{pc} (t_2 - t_1)}{A_i (t_w - t)_m} \tag{4-34}$$

式(4-33)中，$(T-T_w)$为水蒸气温度与内管外壁面温度之差，式(4-34)中，(t_w-t)为内管内壁面温度与冷流体温度之差。由于热流体温度T、内管外壁温T_w、冷流体温度t及内管内壁温t_w均沿内管管长不断发生变化，因此，温差$(T-T_w)$和(t_w-t)也随管长发生变化，在用牛顿冷却定律算传热速率Q时，温差应分别取进口(1)与出口(2)处两端温差的对数平均值$(T-T_w)_m$和$(t_w-t)_m$，方法如下：

$$(T - T_w)_m = \frac{(T_1 - T_{w1})(T_2 - T_{W2})}{\ln \dfrac{T_1 - T_{W1}}{T_2 - T_{w2}}} \tag{4-35}$$

$$(t_w - t)_m = \frac{(t_{w1} - t_1)(t_{w2} - t_2)}{\ln \dfrac{t_{w1} - t_1}{t_{w2} - t_2}} \tag{4-36}$$

当套管换热器的内管壁较薄且管壁导热性能优良(即λ值较大)时，管壁热阻可以忽略不计，可近似认为管壁内、外表面温度相等，即$T_{w1}=t_{w1}$，$T_{w2}=t_{w2}$。

因此，只要测出冷流体的流量V_c、进出口温度t_1和t_2、水蒸气进出口温度T_1和T_2、内管壁温T_{w1}和T_{w2}，根据定性温度查出冷流体的物性ρ_c和C_{pc}，再计算出内管的内、外表面积A_i和A_0，根据公式(2)和(3)就可计算出水蒸气的冷凝给热系数α_0及冷流体的对流给热系数α_i。

(2) 给热系数的经验公式

Nusselt 利用数值积分法求得纯净蒸汽在水平圆管外表面膜状冷凝平均给热系数的半经验公式：

$$\alpha_0 = 0.725 \left[\frac{g \rho^2 \lambda^3 \gamma}{\mu d_0 (t_s - t_w)} \right]^{0.25} \tag{4-37}$$

式(4-37)中,蒸汽冷凝潜热 γ 为饱和蒸汽温度 t_s 下的数据,壁温 t_w 取进、出口壁温的平均值 $(t_{w1}+t_{w2})/2$,冷凝液物性 ρ、λ、μ 取液膜温度 $(t_s+t_w)/2$ 下的数值。因此,只要测出套管换热器内管的外径 d_0,就可算出蒸汽冷凝给热系数 α_0。

对低粘度的液体在圆形直管内呈湍流流动且被加热时,其对流给热系数可采用 Dittus-Boelter 关联式:

$$\alpha_i = 0.023\frac{\lambda}{d_i}\left(\frac{d_i u\rho}{\mu}\right)^{0.8}\left(\frac{C_p\mu}{\lambda}\right)^{0.4} \tag{4-38}$$

式(4-38)中的冷流体的物性 λ、μ、ρ、C_p 为冷流体在管内进、出口温度的算术平均值 $(t_1+t_2)/2$ 所对应的数据,流速 u 为冷流体体积 V_c 流量除以管内径 d_i 计算的截面积。

3. 实验流程与装置

(1) 实验装置

本实验装置由蒸汽发生器、LWQ-25 型孔板流量变送器、套管换热器 1、套管换热器 2 及 8 个温度传感器、智能显示仪表等构成。其实验装置流程如图 4-18 所示。

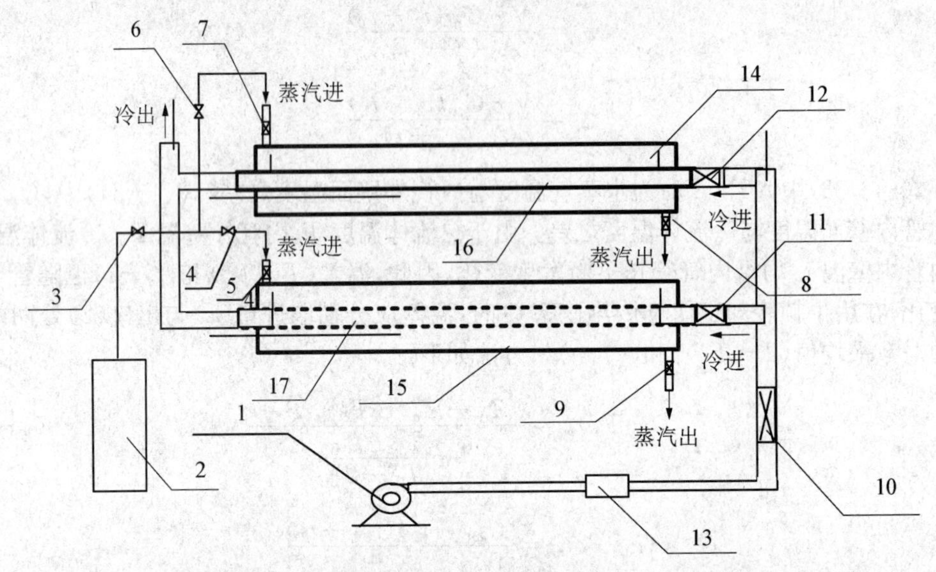

图 4-18 水蒸气~空气对流给热系数测定实验流程图

1—漩涡气泵;2—蒸汽发生器;3、4、5、6、7、8、9、10、11、12—阀门

13—涡轮流量计;14—套管换热器 1;15—套管换热器 2;16—紫铜管 1;17—紫铜管 2

来自蒸汽发生器的水蒸气进入套管换热器环隙,与来自风机的冷风进行热交换,冷凝水经管道排入地沟。冷风经测流量装置后进入套管换热器内管(紫铜管),热交换后进入下水道。冷风流量可用阀门调节。

(2) 设备与仪表规格

① 紫铜管 1 规格:光管直径 $\phi 16\times 1$ mm,长度 $L=900$ mm;

紫铜管 2 规格:螺纹管直径 $\phi 16\times 1$ mm,长度 $L=900$ mm;

② 外套不锈钢管规格:直径 $\phi 51\times 1$ mm,长度 $L=1\,000$ mm;

③ 旋涡气泵:风量 0~90 m^3/h,风压 12 kPa;

④ 压力表规格：0～0.1 MPa。

水蒸气自蒸汽发生器 1 途经阀 3，由阀 6、阀 7 经蒸汽分布管进入套管换热器 1 的环隙通道，或由阀 4、阀 5 经蒸汽分布管进入套管换热器 2 的环隙通道，冷凝水由阀 8、9 排入水沟。

冷流体经过涡轮流量计 13、流量调节阀 10、阀 12 或阀 11 进入套管换热器的内管，被加热后排入下水道或放空。

4. 操作步骤

① 开启电源。依次打开控制面板上的总电源、仪表电源；

② 启动旋涡气泵 1，调节手动调节阀 10 使风量最大。使风进入套管换热器 1；

③ 排蒸汽管道的冷凝水。打开阀 8，排除套管 1 环隙中积存的冷凝水，然后适当关小阀 8，注意阀 8 不能开得太大，否则蒸汽泄漏严重；

④ 调节蒸汽压力。打开阀 3、阀 6，蒸汽从蒸汽发生器 2 保温管路流至阀 7；慢慢打开阀 7，蒸汽开始流入套管环隙并对内管的外表面加热，控制蒸汽压力稳定在 0.02 MPa，不要超过 0.05 MPa，否则蒸汽不够用；

⑤ 分别测定不同流量下所对应的温度。当控制面板上的巡检仪显示的 8 个温度及智能流量积算仪上显示的空气流量，稳定后，记录下最大空气流量下的全部的温度、流量数据。然后再调节阀 6，分别取最大空气流量的 1/2 及 1/3，分别记录下相应流量下的稳定的温度和压力数据，这样总共有 3 个实验点；

⑥ 使风进入套管换热器 2。继续同上实验；

⑦ 实验结束后，关闭蒸汽阀 3、4、5、6 和 7；

⑧ 让冷流体流一段时间再关；

⑨ 关闭仪表电源及总电源。

5. 实验报告

① 将两个套管换热器测得的冷流体给热系数的实验值相互比较，并分析讨论。

② 说明给热系数的实验值和冷流体流量的变化规律。

实验五　吸收实验

主题词　填料塔　吸收

主要操作　填料塔的操作　气相色谱的使用

本章主要内容：吸收分离的依据、气液相平衡、亨利定律、相平衡与系数过程的关系、传质机理与系数速率、分子扩散与主体流动、分子扩散速率方程式、对流扩散、吸收过程机理、吸收速率方程式、吸收塔的计算、吸收剂的选择、物料衡算和操作线方程、吸收剂用量的确定、塔径的计算、传质单元高度与传质单元数。

本章主要实验设计项目为“填料吸收塔吸收（解吸）实验”，只是各校选取实验体系不同，有水吸收 CO_2、氧饱和解吸、水吸收氨等。

填料吸收塔吸收(解吸)实验

1. 实验目的

① 了解填料塔吸收装置的基本结构及流程;

② 掌握总体积传质系数的测定方法;

③ 测定填料塔的流体力学性能;

④ 了解气体空塔速度和液体喷淋密度对总体积传质系数的影响;

⑤ 了解气相色谱仪和六通阀在线检测 CO_2 浓度的测量方法。

2. 实验原理

气体吸收是典型的传质过程之一。由于 CO_2 气体无味、无毒、廉价,所以气体吸收实验选择 CO_2 作为溶质组分是最为适宜的。本实验采用清水吸收空气中的 CO_2 组分。一般将配置的原料气中的 CO_2 浓度控制在10%以内,所以吸收的计算方法可按低浓度来处理。又因为 CO_2 在水中的溶解度很小,所以此体系 CO_2 气体的吸收过程属于液膜控制过程。因此,本实验主要测定 K_{xa} 和 H_{OL}。

(1) 填料塔流体力学特性

气体通过干填料层时,流体流动引起的压降和湍流流动引起的压降规律相一致。在双对数坐标系中 $\Delta P/Z$ 对 G' 作图得到一条斜率为1.8~2的直线(图4-19中的 aa 线)。而有喷淋量时,在低气速时(c 点以前)压降也比例于气速的1.8~2次幂,但大于同一气速下干填料的压降(图中 bc 段)。随气速增加,出现载点(图中 c 点),持液量开始增大。图中不难看出载点的位置不是十分明确,说明汽液两相流动的相互影响开始出现。压降-气速线向上弯曲,斜率变徒(图中 cd 段)。当气体增至液泛点(图中 d 点,实验中可以目测出)后在几乎不变的气速下,压降急剧上升,此时液相完全转为连续相,气相完全转为分散相,塔内液体返混合气体的液沫夹带现象严重,传质效果极差。

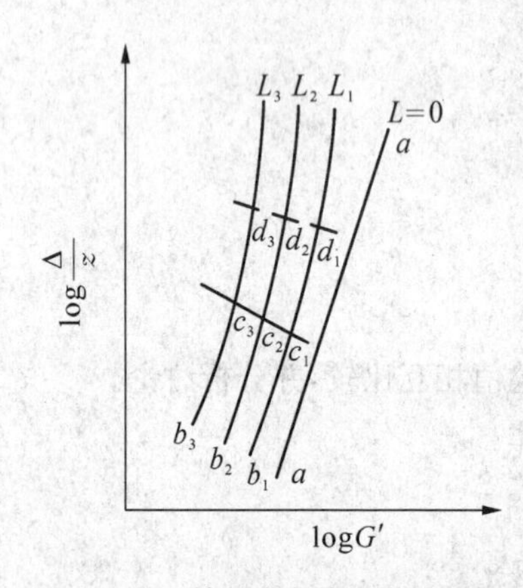

图4-19 填料塔流体力学性能图

测定填料塔的压降和液泛气速是为了计算填料塔所需动力消耗和确定填料塔的适宜操作范围,选择合适的气液负荷。实验可用空气与水进行。在各种喷淋量下,逐步增大气速,记录必要的数据直至刚出现液泛时止。但必须注意,不要使气速过分超过泛点,避免冲跑和冲破填料。

(2) 传质系数 K_x 的测定计算公式

填料层高度 Z 为

$$Z=\int_0^Z \mathrm{d}z=\frac{L}{K_x a}\int_{x_2}^{x_1}\frac{\mathrm{d}x}{x^*-x}=H_{OL}\cdot N_{OL} \tag{4-39}$$

式中:L 为液体通过塔截面的摩尔流量,kmol /(m^2 · s);K_x 为以 ΔX 为推动力的液相总传质系数,kmol/(m^3 · s);H_{OL} 为传质单元高度,m;N_{OL} 为传质单元数,无因次。

令吸收因数 $$A=L/mG \tag{4-40}$$

$$N_{OL}=\frac{1}{1-A}\ln\left[(1-A)\frac{y_1-mx_2}{y_1-mx_1}+A\right] \tag{4-41}$$

测定方法：

① 空气流量和液体流量的测定

本实验采用转子流量计测得空气和水的流量，并根据实验条件(温度和压力)和有关公式换算成空气和液体的摩尔流量。

② 测定塔顶和塔底气相组成 y_1 和 y_2.

③ 平衡关系。

本实验的平衡关系可写成

$$y=mx \tag{4-42}$$

式中：m 为相平衡常数，$m=E/p$；E 为亨利系数，$E=f(t)$，Pa，根据液相温度测定值由附录查得；p 为总压，Pa。

对清水而言，$x_2=0$，由全塔物料衡算 $G(y_1-y_2)=L(x_1-x_2)$ 可得 x_1。

3. 实验装置与流程

(1) 装置流程

本实验装置流程如图 4-20 所示：液体经转子流量计后送入填料塔塔顶再经喷淋头喷淋在填料顶层。由风机输送来的空气和由钢瓶输送来的二氧化碳气体混合后，一起进入气体混合稳压罐，然后经转子流量计计量后进入塔底，与水在塔内进行逆流接触，进行质量和热量的交换，将塔顶出来的尾气放空，由于本实验为低浓度气体的吸收，所以热量交换可略，整个实验过程可看成是等温吸收过程。

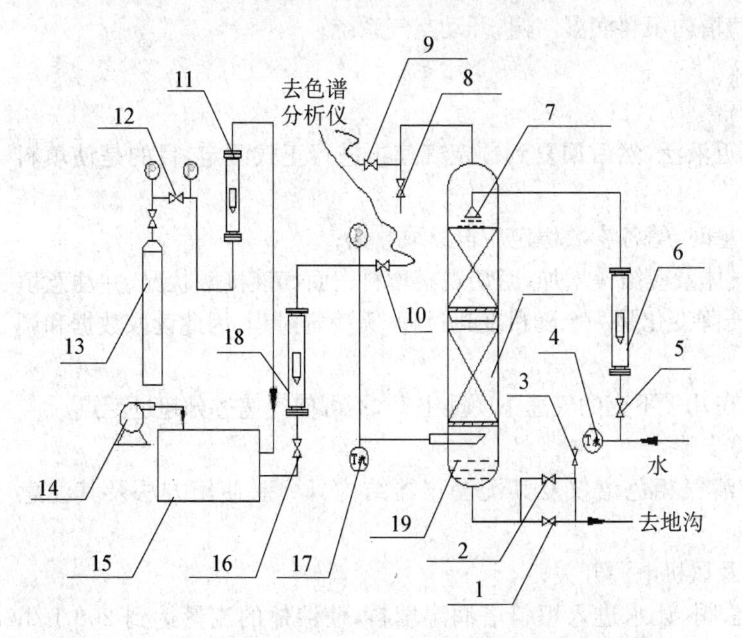

1、2—球阀；
3—排气阀；
4—液体温度计；
5—液体调节阀；
6—液体流量计；
7—液体喷淋器；
8—塔顶出气阀；
9—塔顶气体取样阀；
10—塔底气体取样阀；
11—溶质气体流量计；
12—钢瓶减压阀；
13—钢瓶；
14—风机；
15—混合稳压罐；
16—气体调节阀；
17—气体温度计；
18—混合气流量计；
19—液封

图 4-20 吸收、解吸装置流程图

(2) 主要设备

① 吸收塔:高效填料塔,塔径 100 mm,塔内装有金属丝网板波纹规整填料,填料层总高度 2 000 mm。塔顶有液体初始分布器,塔中部有液体再分布器,塔底部有栅板式填料支承装置。填料塔底部有液封装置,以避免气体泄漏;

② 填料规格和特性:

金属丝网板波纹填料:型号 JWB - 700Y,填料尺寸为 $\phi100\times50$ mm,比表面积700 m^2/m^3;

③ 转子流量计;

各流量计规格如表 4 - 14

表 4 - 14 吸收塔流量计规格表

介质	条件			
	最大刻度	最小刻度	标定介质	标定条件
空气	4 m^3/h	0.4 m^3/h	空气	20℃ 1.0133×10^5 Pa
CO_2	400 L/h	40 L/h	空气	20℃ 1.0133×10^5 Pa
水	1 000 L/h	100 L/h	水	20℃ 1.0133×10^5 Pa

④ 旋涡气泵:XGB - 1011C 型,风量 0~90 m^3/h,风压 14 kPa;

⑤ 二氧化碳钢瓶;

⑥ 气相色谱仪(型号:定制);

⑦ 色谱工作站:浙江智达 NE2000。

4. 实验步骤与注意事项

(1) 填料塔流体力学测定操作

① 先开动供水系统,使塔内填料润湿一遍;开动空气系统;

② 测定干填料压强降;

③ 测定湿填料压强降;

④ 慢慢加大气速到接近液泛,然后回复到预定气速再进行正式测定,目的是使填料全面润湿一次;

⑤ 正式测定某一喷淋量时,等各参数稳定后再读取数据;

⑥ 接近液泛时,进塔气体量应缓慢增加,密切观察填料表面气液接触状况,并注意填料层压降变化幅度。此时压降变化是一个随机变化过程,无稳定过程,因此读取数据和调节空气量的动作要快;

⑦ 液泛后填料层压降在几乎不变的气速下明显上升,不可使气速过分超过泛点。

(2) 传质系数测定实验步骤

① 熟悉实验流程及弄清气相色谱仪及其配套仪器结构、原理、使用方法及其注意事项;

② 打开仪表电源开关及风机电源开关;

③ 开启泵、塔进液体总阀,让水进入填料塔润湿填料,使液体的流量达到 200 L/h 左右;

④ 塔底液封控制：仔细调节阀门 2 的开度，使塔底液位缓慢地在一段区间内变化，以免塔底液封过高溢满或过低而泄气；

⑤ 打开 CO_2 钢瓶总阀，并缓慢调节钢瓶的减压阀（注意减压阀的开关方向与普通阀门的开关方向相反，顺时针为开，逆时针为关），使其压力稳定在 0.2 MPa 左右；

⑥ 仔细调节空气流量阀至 1.5 m^3/h，并调节 CO_2 调节转子流量计的流量，使其稳定在 40 L/h～400 L/h；

⑦ 仔细调节尾气放空阀的开度，直至塔中压力稳定在实验值；

⑧ 待塔操作稳定后，读取各流量计的读数及通过温度数显表、压力表读取各温度、压力，通过六通阀在线进样，利用气相色谱仪分析出塔顶、塔底气相组成；

⑨ 改变水流量值，重复步骤⑥、⑦、⑧；

⑩ 实验完毕，关闭 CO_2 钢瓶总阀，再关闭风机电源开关、关闭仪表电源开关，清理实验仪器和实验场地。

(3) 注意事项

① 固定好操作点后，应随时注意调整以保持各量不变。

② 在填料塔操作条件改变后，需要有较长的稳定时间，一定要等到稳定以后方能读取有关数据。

5. 实验报告

① 将原始数据列表。

② 列出实验结果与计算示例。

6. 思考题

① 本实验中，为什么塔底要有液封？液封高度如何计算？

② 测定 $K_x a$ 有什么工程意义？

③ 为什么二氧化碳吸收过程属于液膜控制？

④ 当气体温度和液体温度不同时，应用什么温度计算亨利系数？

7. 实验数据记录及数据处理结果示例

实验装置：1＃；操作压力 115.0 kPa

表 4-15　吸收实验数据列表

序号	V_1 气量 m^3/h	V_2 液体量 L/h	塔底 $wt\%$	塔顶 $wt\%$	T_1 气温℃	T_2 液温℃
1	2.0	200	3.71	2.27	7.5	5.3
2	1.0	500	0.08	0.05	17.0	13.0

计算说明：

将塔顶气相浓度定义为 y_1，塔底气相浓度定义为 y_2，塔底液相浓度定义为 x_1，塔顶液相浓度定义为 x_2，并且在本实验中因用清水吸收，所以 $x_2=0$。塔出口气体流量定义为 G，水流量定义为 L，由：

物料衡算式：$G(y_1-y_2)=L(x_1-x_2)$

得 x_1

平衡关系式：$y^*=mx$

$$m = \frac{E}{p}$$

E 位亨利常数，由水温查得

$$x_1^* = \frac{y_1}{m}$$

$$x_2^* = \frac{y_2}{m}$$

传质单元数计算公式：$N_{OL} = \dfrac{x_1 - x_2}{\Delta x_m}$

$$\Delta x_m = \frac{\Delta x_1 - \Delta x_2}{\ln \dfrac{\Delta x_1}{\Delta x_2}}$$

$$\Delta x_1 = x_1^* - x_1$$

$$\Delta x_2 = x_2^* - x_2$$

$$H = H_{OL} N_{OL}$$

$$\therefore H_{OL} = \frac{H}{N_{OL}}$$

由于

$$H_{OL} = \frac{L}{K_x a}$$

$$\therefore K_x = \frac{L}{H_{OL} a}$$

计算结果

表 4-16　吸收实验结果列表

序号	N_{OL}	$K_x a$/kmol/(m^3/h)
1	4.3	3 322.7
2	2.9	5 317.1

测量条件：
色谱型号：SP6800A
柱类型：填充柱
柱规格：GDX-103
载气类型：氢气
载气流量：50 mL/min
进样量：1 mL
检测器温度：78℃
进样器温度：80℃
柱温：40℃
原料气：

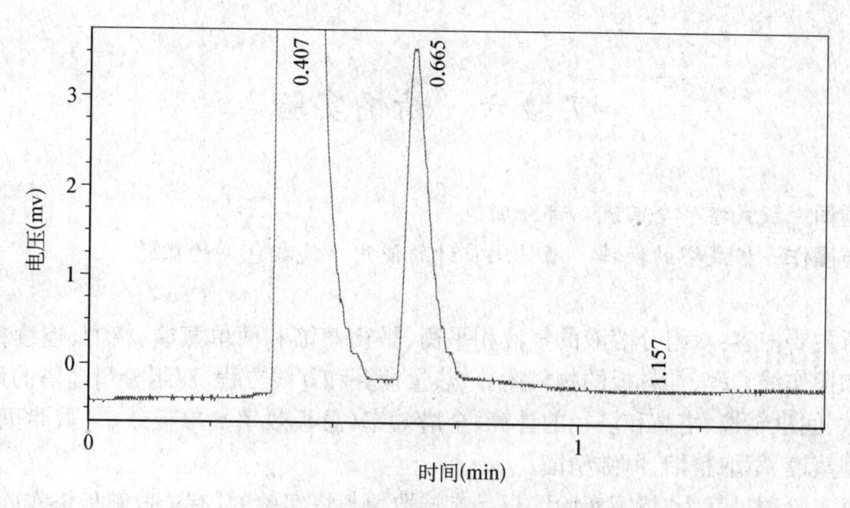

图 4-21 吸收原料分析图

峰号	峰名	保留时间	峰高	峰面积	含量
1	空气	0.407	137 583.594	349 031.4699	6.284 6
2	二氧化碳	0.665	3 877.412	13 440.753	3.707 8

尾气：

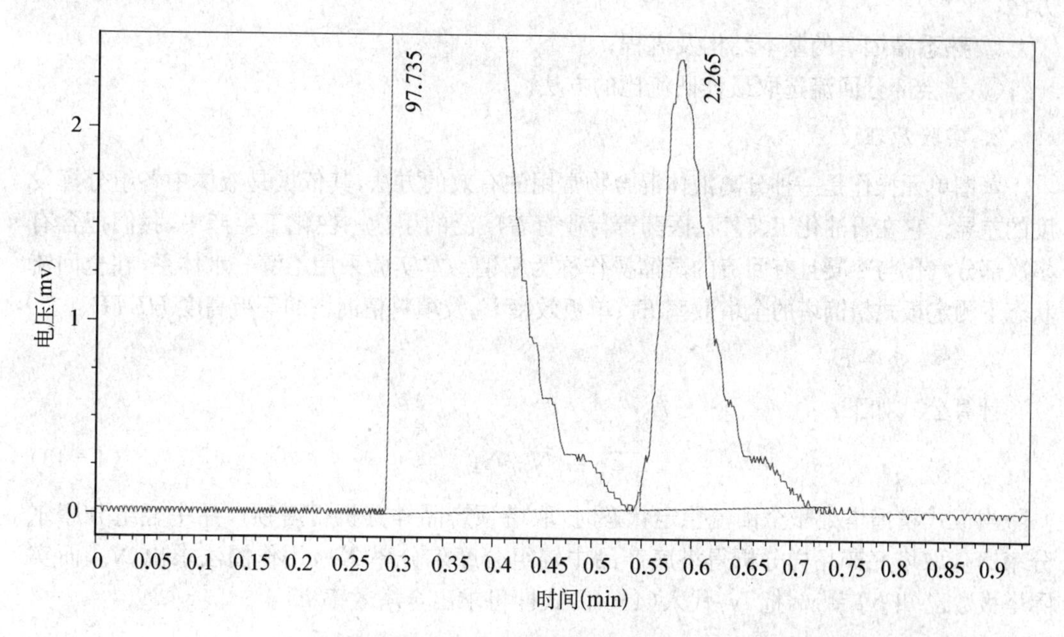

图 4-22 吸收尾气分析图

峰号	峰名	保留时间	峰高	峰面积	含量
1	空气	0.323	142 736.094	355 399.406	97.734 8
2	二氧化碳	0.590	2 326.473	8 236.945	2.265 2

实验六　精馏实验

主题词　板式塔　全回流　部分回流

主要操作　板式塔的操作　酒精比重计的使用　气相色谱的操作

本章主要内容：双组分溶液的气液相平衡、平衡蒸馏和简单蒸馏、精馏、连续精馏、物料衡算和操作线方程、加料板的物料衡算、热量衡算和 q 线方程、双组分精馏塔的计算、理论塔板数、间歇精馏、塔高和塔径的计算、全塔效率(总板效率)、单板效率(默弗里效率)、其他类型蒸馏、萃取精馏、恒沸精馏。

本章实验项目都为"精馏实验"，只是有选取填料塔实验的，有选取筛板塔实验的。

一、精馏实验

1. 实验目的

① 掌握全回流时板式精馏塔的全塔效率、单板效率及填料精馏塔等板高度的测定方法；

② 熟悉精馏塔的基本结构及流程；

③ 学会部分回流选取最佳回流比的方法。

2. 实验原理

蒸馏单元操作是一种分离液体混合物常用的有效的方法，其依据是液体中各组分挥发度的差异。它在石油化工、轻工、医药等行业有着广泛的用途。在化工生产中，我们把含有多次部分汽化与冷凝且有回流的蒸馏操作称为精馏。本实验采用乙醇—水体系，在全回流状态下测定板式精馏塔的全塔效率 E_T、单板效率 E_M 及填料精馏塔的等板高度 $HETP$。

3. 全塔效率 E_T

计算公式如下：

$$E_T = N_T/N_P \tag{4-43}$$

当板式精馏塔处于全回流稳定状态时，取塔顶产品样分析得塔顶产品中轻组分摩尔分率 X_D，取塔底产品样分析得塔底产品中轻组分摩尔分率 X_W，用作图法求出 N_T，而实际塔板数已知 $N_P=16$，把 N_T 代入(4-43)式即可求出全塔效率 E_T。

4. 单板效率 E_m

计算公式如下：

$$E_{mV} = \frac{y_n - y_{n+1}}{y_n^* - y_{n+1}} \tag{4-44}$$

式(4-43)中 y_n 为离开第 n 块板的气相组成，y_{n+1} 为离开第($n+1$)块板、到达第 n 块板的气相组成，y_n^* 为与离开第 n 块板的液相组成 x_n 成平衡关系的气相组成，以上气、液相浓度的单位均为摩尔分率。因此,只要测出 x_n、y_n、y_{n+1},通过平衡关系由 x_n 计算出 y_n^*,则根据式(4-44)就可计算默弗里气相单板效率 E_{mV}。

单板效率的另一种表示方法为经过某块塔板液相浓度的变化,称之为液相默弗里单板效率,用 E_{mL} 来表示,计算公式如下:

$$E_{mL}=\frac{x_{n1}-x_n}{x_{n1}-x_n^*} \tag{4-45}$$

式(4-45)中,x_{n-1} 为离开第 $n-1$ 板到达第 n 板的液相组成,x_n 为离开第 n 板的液相组成,x_n^* 为与离开第 n 板汽相组成 y_n 成平衡关系的液组成,以上汽、液相浓度的单位均为摩尔分率。因此,只要测出 x_{n-1}、x_n、y_n,通过平衡关系由 y_n 计算出 x_n^*,则根据式(4-45)就可计算默弗里气相单板效率 E_{mL}。

5. 实验装置与流程

精馏实验流程见图 4-23。

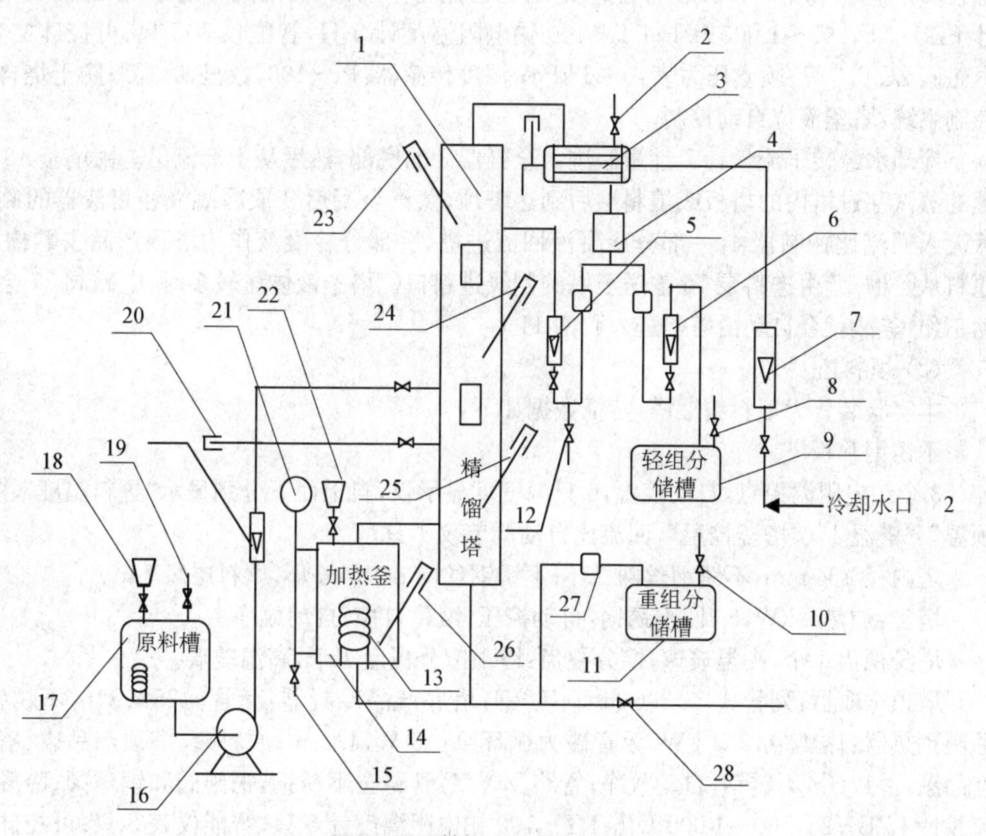

图 4-23 精馏实验装置流程图

1—精馏塔;2—塔顶放空阀;3—全凝器;4—回流比控制器;5—回流流量计;6—馏出流量计 7—冷凝水流量计 8—轻组分储槽放空阀 9—轻组分储槽 10—重组分储槽放空阀 11—重组分储槽 12—塔顶取样口 13—加热器 14—塔釜(再沸器) 15—塔底取样口 16—进料泵 17—原料储槽 18—加料漏斗 19—原料储槽放空阀 20—进料温度计 21—压力表 22—再沸器加料漏斗 23、24、25、26—温度计 27—电磁阀 28—放料口

(1) 筛板塔

本实验装置为筛板精馏塔，特征数据如下：

不锈钢筛板塔。

塔内径 D 内＝64 mm，塔板数 N_P＝16 块，板间距 H_T＝71 mm。塔板孔径 1.0 mm，孔数 72 个，开孔率 10%，弓形降液管，板数：提馏段 2～8 块，精馏段 13～7 块，总板数 16 块。

塔釜(6 L)，最高加热温度 400℃。塔顶全凝器：列管式，0.296 m^2，不锈钢。

功率 2 kW，转子流量计调节进料量，二路加料口。

6 个铂电阻温控点，自动控温，6 只温度显示仪，自上而下分别显示“进料温度”、“塔顶温”、“塔温 1”、“塔温 2”、“塔温 3”、“塔釜控温”，回流比自动调节仪 1 只。

塔釜液位自控，自动放净；塔身视盅：5－6－7 板间 2 个，14－15 板间 1 个，高温玻璃；馏分视盅：塔顶馏分视盅 1 个，高温玻璃；塔底产品冷凝器：套管，$\phi 25 \times \phi 16$，不锈钢；原料预热器：伴热带，0.3 kW；无音磁力循环泵：15 W，1.5 m；原料罐、塔顶产品罐、塔釜产品罐：≥17 升，不锈钢，自动放净；管路及阀门：管路全不锈钢，铜闸阀和铜球阀；冷凝水流量计 LZB－25，100～1 000 L/h；PT－100 铂电阻温度计 5 只，智能仪表 5 只；可控硅控温；电磁阀 ZCT，3 只；膜盒压力表：0～6 kPa；温度传感器：Pt－100，数显，0.1℃；防干烧自动控制系统：塔釜液位自动控制。

冷却水经转子流量计 7 计量后进入全凝器 3 的底部，然后从上部流出。由塔釜 13 产生的蒸汽穿过塔内的塔板或填料层后到达塔顶，蒸汽全凝后变成冷凝液经集液器的侧线管流入回流比控制器 4，一部分冷凝液回流进塔，一部分冷凝液作为塔顶产品去贮槽 9。原料从贮槽 17 由进料泵 16 输送至塔的侧线进料口。塔釜液体量较多时，电磁阀 27 会启动工作，釜液就会自动由塔釜进入贮槽 11。

(2) 填料塔

本实验装置为填料精馏塔，特征数据如下：

不锈钢筛板塔。

3 个铂电阻温控点，自动控温，6 只温度度显示仪，自上而下分别显示“进料温度”、“塔顶温”、“塔温 1”、“塔釜控温”，回流比自动调节仪 1 只。

塔内径 $\phi 64$ mm，不锈钢丝网 θ 环；不锈钢丝网 $\phi 6 \times 6$ θ 环，填料层高 1 m。

塔釜：加热 2 kW，6 升，不锈钢，自动控压，液位自控，自动放净。

塔身视盅 1 个，高温玻璃；馏分视盅：塔顶馏分视盅 1 个，高温玻璃。

塔顶全凝器：列管式，0.296 m^2，不锈钢；塔底产品冷凝器：套管，$\phi 25 \times \phi 16$，不锈钢；原料预热器：伴热带，0.3 kW；无音磁力循环泵：15 W，1.5 m；原料罐、塔顶产品罐、塔釜产品罐：≥17 升，不锈钢，自动放净；管路及阀门：管路全不锈钢，铜闸阀和铜球阀；冷凝水流量计 LZB－25，100～1 000 L/h；PT－100 铂电阻温度计 5 只，智能仪表 5 只；可控硅控温；电磁阀 ZCT，3 只；膜盒压力表：0～10 kPa；温度传感器：Pt－100，数显，0.1℃；防干烧自动控制系统：塔釜液位自动控制。

6. 操作步聚与注意事项

(1) 实验步骤：

全回流操作：

① 配制浓度 16%～19%(用酒精比重计测)的料液加入釜中，至釜容积的 2/3 处；

② 检查各阀门位置，启动仪表电源；

③ 将“加热电压调节”旋钮向左调至最小，再启动电加热管电源即将“加热开关”拨至右边，然后缓慢调大“加热电压调节”旋钮，电压不宜过大，电压约为 150 V，给釜液缓缓升温，若发现液沫夹带过量时，电压适当调小；

④ 塔釜加热开始后，打开冷凝器的冷却水阀门，流量调至 400～800 L/h 左右，使蒸汽全部冷凝实现全回流；

⑤ 打开回流转子流量计，关闭馏出转子流量计；

⑥ 操作柜：将“回流比手动/自动”开关拨至左边(手动状态)；

⑦ 适当打开塔顶放空阀；

⑧ 在操作柜上观察各段温度变化，从精馏塔视镜观盅察釜内现象；

⑨ 当塔顶温度、回流量和塔釜温度稳定后，分别取塔顶浓度 X_D 和塔釜浓度 X_W，后进行色谱分析。

部分回流操作：

① 在储料罐中配制一定浓度的酒精溶液(约 30%～40%)；

② 待塔全回流操作稳定时，打开进料阀，在操作柜上将“泵开关”拨至右边，开启进料泵电源，调节进料量至适当的流量；

③ 调节回流比控制器的转子流量计，调节回流比 $R(R=1\sim4)$；

④ 在操作柜上设定“塔釜液位控制”(出厂预先设定好)；

⑤ 当流量、塔顶及塔内温度读数稳定后即可取样分析。

取样与分析

① 进料、塔顶、塔釜液从各相应的取样阀放出；

② 塔板上液体取样用注射器从所测定的塔板中缓缓抽出，取 1 mL 左右注入事先洗净烘干的针剂瓶中，并给该瓶盖标号以免出错，各个样品尽可能同时取样；

③ 将样品进行色谱分析。

停止

① 将“加热电压调节”旋钮调至最小，将“加热开关”拨至左边；

② 在操作柜上将“泵开关”拨至左边，停止进料；

③ 继续保持冷凝水，约 20～30 min 后关闭。

(2) 注意事项：

① 塔顶放空阀一定要打开；

② 料液一定要加到设定液位 2/3 处方可打开加热管电源，否则塔釜液位过低会使电加热丝露出干烧致坏；

③ 部分回流时，进料泵电源开启前务必先打开进料阀，否则会损害进料泵；

④ 部分回流时，可以直接采用流量计调节回流比，也可以使用“回流比调节仪”：将“回流比手动/自动”拨至右边，调节“回流比调节仪”上一排数据，就是回流通断量；下一排数据，就是馏出通断量。

7. 实验报告

① 将塔顶、塔底温度和组成等原始数据列表；

② 按全回流计算理论板数；

③ 计算全塔效率或等板高度；

④ 分析并讨论实验过程中观察到的现象。

8. 实验数据记录及数据处理结果示例

实验装置：1#；

实验数据：

(1) 全回流

塔顶 x_D=93.01%(质量)；塔底：x_w=5.170%(质量)；p=101.3 kPa

计算说明：压强、物系查得 $x-y$ 图，

将实验测得塔顶产品组成 X_D 和残液组成 X_W 换算成摩尔百分比，x_D=0.839(摩尔)；x_w=0.021(摩尔)。

可用图解法求得理论板数 N_T。如图 4-24(a)所示，N_T=5.80。

本实验的不锈钢筛板塔的实际塔板数 $N_P=16$ 块，则全塔效率 $E_T=\dfrac{N_T-1}{N_p}=\dfrac{5.80-1}{16}=0.300$。

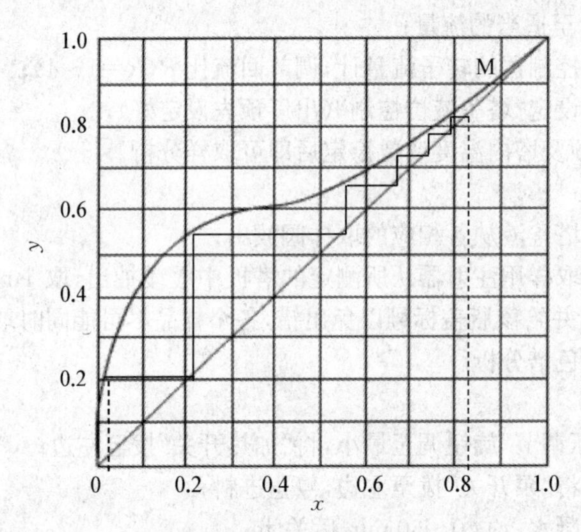

图 4-24(a) 全回流结果图

实验结果：Nt=5.80；E=0.30。(2) 部分回流：

塔顶 x_D=89.76%(质量)；塔底：x_w=6.28%(质量)；z_F=45.00%(质量)；回流比 R=1.5，p=101.3 kPa，泡点进料。

计算说明：压强、物系查得 $x-y$ 图，将实验测得塔顶产品组成 x_D、残液组成 x_W 和进料组成 z_F 换算成摩尔百分比，

x_D=0.774(摩尔) x_w=0.026(摩尔) z_F=0.243(摩尔)

$$\frac{x_D}{R+1}=\frac{0.774}{1.5+1}=0.3096$$

如图 3-24(b)，作精馏段操作线：连 A 点(0.774，0.774)、D 点(0，0.3096)

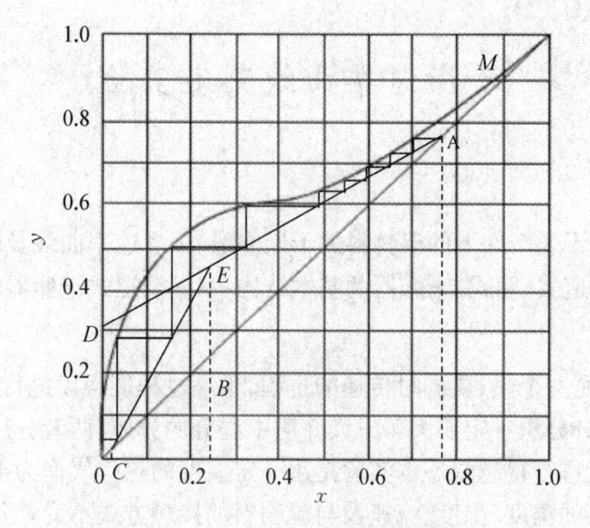

图 4-24(b)　部分回流结果图

在对角线上找到 B 点(0.243,0.243)

由于泡点进料,$q=1$,于是得 q 线为平行于 y 轴线,交于精馏段操作线 E 点。

连 E 和 C 点(0.026,0.026)得提馏段操作线。在两操作线和平衡线间作梯级,如图 4-24(b)所示,得,$N_T=8.30$。

本实验的不锈钢筛板塔的实际塔板数 $N_P=16$ 块,则该操作条件下全塔效率 $E_T=\dfrac{N_T-1}{N_p}=\dfrac{8.30-1}{16}=0.456$。

实验结果:$Nt=8.3$;$E=0.456$。

9. 思考题

① 在精馏操作过程中,回流温度发生波动,对操作会产生什么影响?

② 改变塔釜加热电压,对塔顶产品质量有何影响?

③ 如何判断精馏塔内的操作是否正常合理?如何判断塔内的操作是否处于稳定状态?

实验七　干燥实验

主题词　干燥　干燥曲线　速率曲线

主要操作　风机应用　湿球温度计的使用　温度控制仪应用

本章主要内容:固体物料去湿方法、干燥过程的分类、湿空气的性质及湿焓图、干湿过程的物料衡算和热量衡算、干燥器的热效率干燥速率和干燥时间、物料中所含水分的性质、干燥设备。

本章实验设计一般为:干燥速率曲线测定实验,可采用洞道式(厢式)干燥器或流化床干燥。

干燥速率曲线测定实验

1. 实验目的

① 测定在恒定干燥条件下的湿物料的干燥曲线、干燥速率曲线及临界含水量 X_0；

② 了解常压洞道式(厢式)干燥器的基本结构,掌握洞道式干燥器的操作方法。

2. 实验原理

干燥单元操作是一个热、质同时传递的过程,干燥过程能得以进行的必要条件是湿物料表面所产生的湿分分压一定要大于干燥介质中湿分的分压,两者分压相差越大,干燥推动力就越大,干燥就进行得越快。本实验是用一定温度的热空气作为干燥介质,在恒定干燥条件下,即热空气的温度、湿度、流速及与湿物料的接触方式不变,当热空气与湿物料接触时,空气把热量传递给湿物料表面,而湿物料表面的水分则汽化进入热空气中,从而达到除去湿物料中水分的目的。

当热空气与湿物料接触时,湿物料被预热并开始被干燥。在恒定干燥条件下,若湿物料表面水分的汽化速率等于或小于水分从物料内部向表面迁移的速率时,物料表面仍被水分完全润湿,与自由液面水分汽化相同,干燥速率保持不变,此阶段称为恒速干燥阶段或表面汽化控制阶段。

当物料的含水量降至临界湿含量 X_0 以下时,物料表面只有部分润湿,局部区域已变干,水分从物料内部向表面迁移的速率小于水分在物料表面汽化的速率,干燥速率不断降低,这一阶段称为降速干燥阶段或内部扩散控制阶段。随着干燥过程的进一步深入,物料表面逐渐变干,汽化表面逐渐向内部移动,物料内部水分迁移率不断降低,直至物料的水含量降至平衡水含量 X^* 时,便停止干燥过程。

干燥速率是指单位时间、单位干燥表面积上汽化的水分质量,计算公式如下:

$$u=\frac{G_c\mathrm{d}X}{A\mathrm{d}\tau}=\frac{\mathrm{d}W}{A\mathrm{d}\tau}\quad \mathrm{kg/(m^2\cdot s)} \tag{4-46}$$

由式(4-46)可知,只要知道绝干物料重量 G_c(kg)、干燥面积 A(m^2)、单位干燥时间 $\mathrm{d}\tau$(s)内的湿物料的干基水含量的变化量 $\mathrm{d}X$(kg 水/kg 干料)或湿物料汽化的水分 $\mathrm{d}W$(kg),就可算出干燥速率 u。在实际处理实验数据时,一般将式(4-46)中的微分($\mathrm{d}W/\mathrm{d}\tau$)形式改为差分的形式($\delta w/\delta\tau$)更方便。

3. 实验装置与流程

空气用风机送入电加热器,经加热的空气流入干燥室,加热干燥室中的湿毛毡后,经排出管道排入大气中。随着干燥过程的进行,物料失去的水分量由称重传感器和智能数显仪表记录下来。实验装置如图 4-25 所示。

(1) 实验装置

(2) 主要设备及仪器

① 离心风机:150 FLJ;

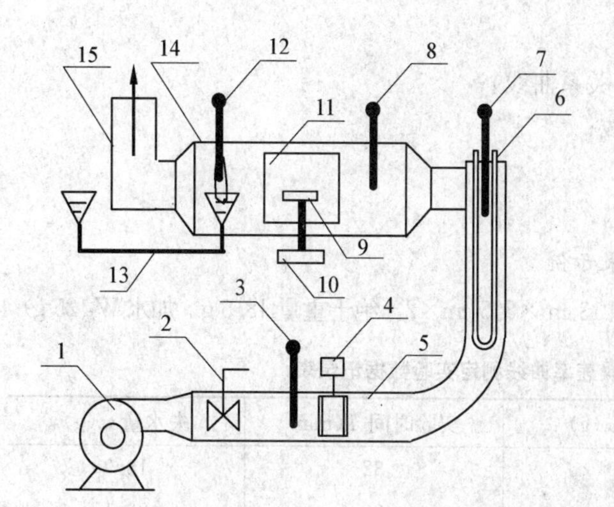

1—风机；2—蝶阀；3—冷风温度计；
4—涡轮流量计加热器；5—管道；
6—加热器；7—温控传感器；
8—干球温度计；9—湿毛毡；
10—称重传感器；11—玻璃视镜门；
12—湿球温度计；13—盛水漏斗；
14—干燥厢；15—出气口

图 4-25　干燥装置流程图

② 电加热器：2 kW；

③ 干燥室：180 mm×180 mm×1 250 mm；

④ 干燥物料：湿毛毡；

⑤ 称重传感器：YB601 型电子天平；

⑥ 孔板流量计：LWGY-50。

4. 实验步骤与注意事项

(1) 实验步骤

① 湿球温度计制作：将湿纱布裹在湿球温度计 12 的感温球泡上，从背后向盛水漏斗加水，加至水面与漏斗口下沿平齐；

② 打开仪控柜电源开关；

③ 启动风机；

④ 加热器通电加热，干燥室温度(干球温度)要求恒定在 60℃～70℃；

⑤ 将毛毡加入一定量的水并使其润湿均匀，注意水量不能过多或过少；

⑥ 当干燥室温度恒定时，将湿毛毡十分小心地放置于称重传感器上。注意不能用力下压，称重传感器的负荷仅为 400 克，超重时称重传感器会被损坏；

⑦ 记录时间和脱水量，每分钟记录一次数据；每五分钟记录一次干球温度和湿球温度；

⑧ 待毛毡恒重时，即为实验终了时，停止加热；

⑨ 十分小心地取下毛毡，放入烘箱，105℃烘 10～20 min，称重毛毡得绝干重量，量干燥面积；

⑩ 关闭风机，切断总电源，清扫实验现场。

(2) 注意事项

① 必须先开风机，后开加热器，否则，加热管可能会被烧坏。

② 传感器的负荷量仅为 400 g，放取毛毡时必须十分小心以免损坏称重传感器。

5. 实验报告

① 绘制干燥曲线(失水量～时间关系曲线)；

② 根据干燥曲线作干燥速率曲线；

③ 读取物料的临界湿含量；

④ 对实验结果进行分析讨论。

6. 实验数据记录及数据处理结果示例

实验装置 1＃:湿毛毡 (干燥面积 13 cm×8.5 cm×2 绝干重量 18.5 g 加水 $W_{总}$ 25 g)

表 4－17 干燥速率曲线测定实验数据记录表

实验时间 T(min)	失水量 w(g)	实验时间 T(min)	失水量 w(g)
2	0.9	32	18.9
4	1.9	34	20.1
6	3.0	36	21.1
8	4.2	38	21.9
10	5.4	40	22.4
12	6.7	42	22.9
14	7.9	44	23.3
16	9.1	46	23.6
18	10.4	48	23.9
20	11.7	50	24.3
22	12.9	52	24.5
24	14.1	54	24.7
26	15.3	56	24.7
28	16.5	58	24.7
30	17.7		

计算说明：

以时间为横坐标,失水量为纵坐标,作干燥失水曲线

干燥失水曲线

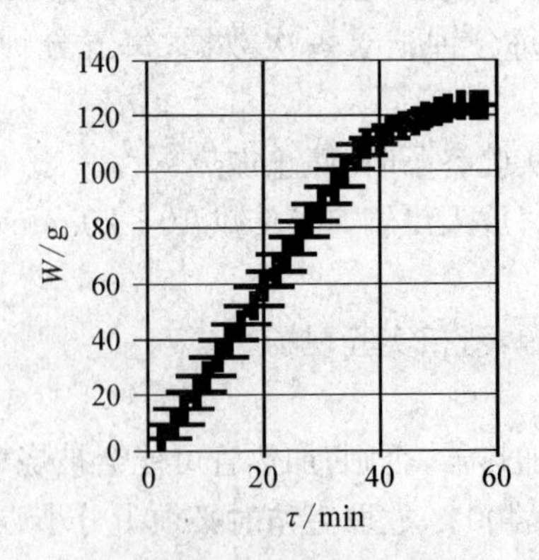

图 4－26 干燥失水曲线图

干基含水：$X=\dfrac{G_1-G_C}{G_C}=\dfrac{W_{总}-W_1}{G_C}=\dfrac{25-0.9}{18.5}1.30$　kg 水/kg 绝干料

干燥速率：$u=\dfrac{G_c\mathrm{d}X}{A\mathrm{d}\tau}=\dfrac{\mathrm{d}W}{A\mathrm{d}\tau}=\dfrac{0.9\times10^{-3}}{0.13\times0.085\times2\times2\times60}=0.339\times10^{-3}\ \mathrm{kg/(m^2s)}$

干燥速率曲线

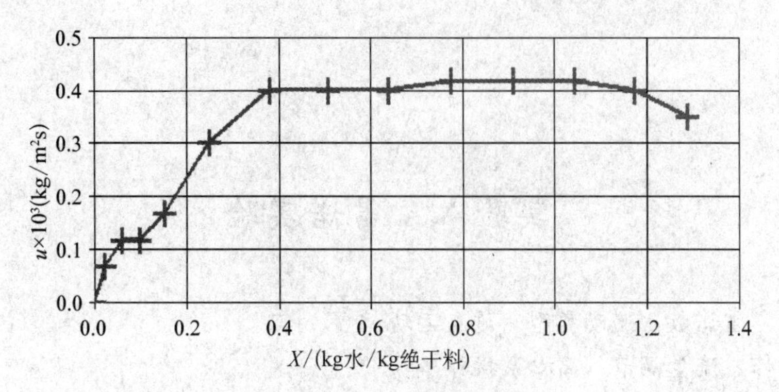

图 4－27　干燥速率曲线图

从图中读出临界湿含量 $X^*=0.38$ kg 水/kg 绝干物料。

7. 思考题

① 为什么在操作中要先开鼓风机送气，而后通电加热？

② 如果气流温度不同时，干燥速率曲线有何变化？

③试分析在实验装置中，将废气全部循环可能出现的后果？

④ 某些物料在热气流中干燥，希望热气流相对湿度要小；某些要在相对湿度较大的热气流中干燥，为什么？

⑤ 料厚度不同时，干燥速率曲线又如何变化？湿物料在 70℃～80℃的空气流中经过相当长时间的干燥，能否得到绝干物料？

第五章 化工原理演示实验

实验八 雷诺实验

主题词 雷诺数 流动类型 质点运动

主要操作 流量调节 离心泵操作

1. 实验目的

① 观察流体在管内流动的不同型态；

② 确定临界雷诺数；

③ 掌握恒定液位的控制方法。

2. 背景材料

英国科学家奥·雷诺于1883年通过实验指出，流体流动存在两种不同类型，即层流(滞流)和湍流，流动类型可用数群($du\rho/\mu$)的值来判断，这就是著名的雷诺实验。雷诺实验为后来一种崭新的研究问题的方法——量纲分析法奠定了基础。

3. 实验原理

流体流动有两种不同型态，即滞流和湍流。滞流时，质点作平行于管轴的直线运动；湍流时，质点在沿管轴流动的同时还作着杂乱无章的随机运动。流动类型可用雷诺准数来判断。流体在直管内流动时的雷诺准数表示为：

$$Re = \frac{du\rho}{\mu} \tag{5-1}$$

式中，d 为管子内径，m；u 为流速，m/s；ρ 为流体密度，kg/m^3；μ 为流体粘度 Pa·s。

当 $Re \leqslant 2\ 000$ 时，流动类型为滞流；当 $Re \geqslant 4\ 000$ 时，流动类型为湍流；Re 值在2 000—4 000时，可能为滞流，也可能为湍流，属不稳定的过渡区域。

对于一定温度的流体，在特定的圆管内流动，雷诺准数仅与流速有关。本实验是改变水在管内的速度，观察在不同雷诺数下流体流型的变化。

4. 实验装置与流程

实验装置如图5-1所示。主要由玻璃试验导管、低位贮水槽、循环水泵、稳压溢流水槽、缓冲水槽以及流量计等部分组成。

实验前,先将水充满低位贮水槽,然后关闭泵的出口阀和流量计后的调节阀,再将溢流水槽到缓冲水槽的整个系统加满水。最后,设法排尽系统中的气泡。

实验操作时,先启动循环水泵,然后开启泵的出口阀及流量计后的调节阀。水由稳压溢流水槽流经试验导管、缓冲槽和流量计,最后流回低位贮水槽。水流量的大小,可由流量计后调节阀调节。泵的出口阀控制溢流水槽的溢流量。

示踪剂采用红色墨水,它由红墨水贮瓶经连接软管和玻璃注射管的细孔喷嘴,注入试验导管。细孔玻璃注射管(或注射针头)位于试验导管入口的轴线部位。

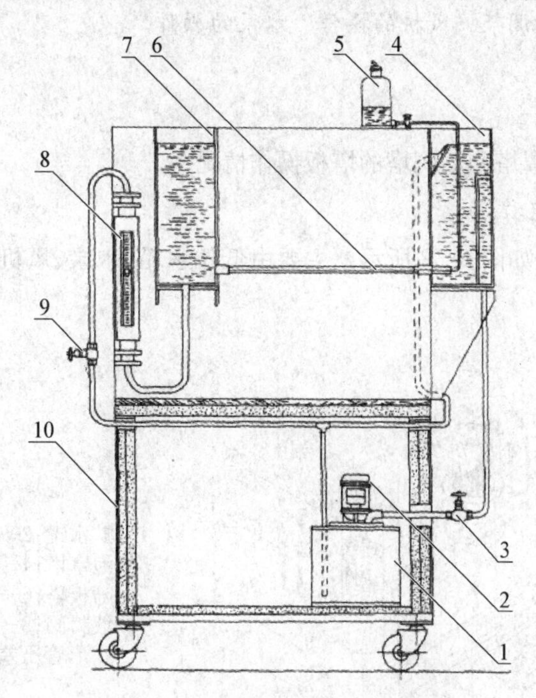

图 5-1 流体流动现象演示实验装置

1—低位贮水器;2—循环水泵 3—泵出口阀;4—溢流水槽;5—红墨水贮瓶;
6—试验导管;7—缓冲水槽;8—转子流量计;9—调节阀;10—移动式实验台

5. 演示操作

(1) 层流流动类型

实验时,先少许开启调节阀,将流速调至所需要的值。再调节红墨水贮瓶的下口旋塞,并用自由夹进行精细调节,使红墨水的注入流速与试验导管中主体流体的流速相适应,一般略低于主体流体的流速为宜。待流动稳定后.记录主体流体的流量。此时,在试验导管的轴线上,就可观察到一条平直的红色细流,好像一根拉直的红线一样。

(2) 湍流流动型态

缓慢地加大调节阀的开度,使水流量平稳地增大。玻璃导管内的流速也随之平稳地增大。同时,相应地适当调节泵出口阀的开度,以保持溢流水槽内仍有一定溢流量,以确保试验导管内的流体始终为稳定流动。可观察到:玻璃导管轴线上呈直线流动的红色细流,开始发生波动。随着流速的增大,红色细流的波动程度也随之增大,最后断裂成一段的红色细流。当流速继续增大时，红墨水进入试验导管后，立即呈烟雾状分散在整个导管内，进而迅速与主体水流混为一体，使整个管内流体染为红色，以致无法辨别红墨水的流线。

实验九　塔模型演示实验

主题词　板式塔　流体力学

主要操作　流量调节　风机的操作　水泵的操作

1. 实验目的

观察筛板塔、泡罩塔和浮阀塔的塔板操作情况。

2. 实验装置和流程

实验装置与流程如图 5－2 所示。主要由低位水箱、水泵、风机、筛板塔、泡罩塔和浮阀塔组成。

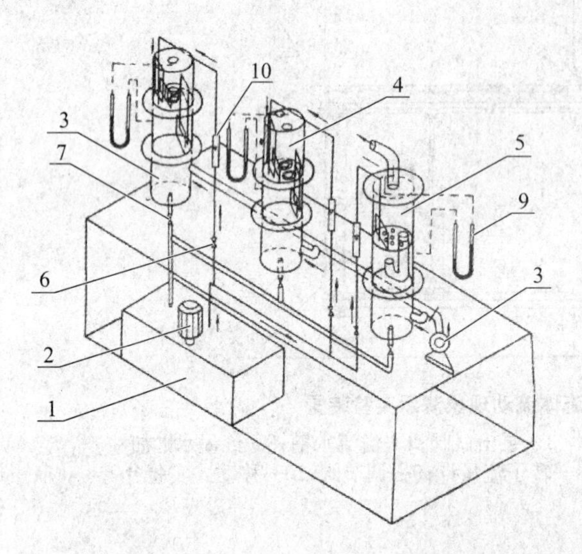

1—贮水罐；2—水泵；
3—泡罩塔；4—浮阀塔；
5—筛板塔；6—进水控制阀
7—液封阀；8—风机；
9—U 形管压差计；10—转子流量计

图 5－2　塔模型演示实验设备流程图

3. 演示操作

演示时，采用固定的不流量(不同塔板结构流量有所不同)，改变不同的气速，演示各种气速时的运行情况。

(1) 全开气阀

这种情况气速达到最大值，此时可看到泡沫层很高，并有大量液滴从泡沫层上方往上冲，这就是雾沫夹带现象。这种现象表示实际气速远远超过设计气速。

(2) 逐渐关小气阀

这时飞溅的液滴明显减少，泡沫层高度适中，气泡很均匀，表示实际气速符合设计值，这是各类型塔正常运行状态。

图 5 - 3　塔模型演示实验设备

(3) 再进一步关小气阀

当气速远远小于设计气速时,泡沫层明显减少,因为鼓泡少,气、液两相接触面积大大减少,显然,这是各类型塔不正常运行状态。

(4) 再慢慢关小气阀

可以看见板面上既不鼓泡、液体也不下漏的现象。若再关小气阀,则可看见液体从塔板上漏出,这就是塔板的漏液点。

第六章 化工原理综合实验

实验十 填料塔总吸收系数的测定

主题词 填料塔 总吸收系数 测定

主要操作 流量调节 尾气体积测定 吸收液含量测定

1. 实验目的

① 了解吸收(解吸)操作的基本流程和操作方法。

② 测定空塔气速与液体流量对传质系数的影响。

③ 测量某喷淋量下填料层$(\Delta P/z)$-U关系曲线。

④ 掌握总传质系数的测定方法。

2. 背景材料

填料塔的历史悠久,在化工、轻工、环保等行业应用广泛。填料是填料塔的核心部分,填料的类型决定了填料塔的性能。100多年来填料类型发展迅速,从最早的陶瓷拉西环到后来的金属鲍尔环、网体填料,在材质和结构上发生很大变化,使填料塔的性能更加稳定,分离效率更高。

3. 实验原理

填料吸收塔是工业上常用的设备,填料层高度计算公式为:$Z=\dfrac{V}{K_y a\Omega}\dfrac{Y_1-Y_2}{\Delta Y_m}$

全塔对数平均浓度差为:$\Delta Y_m=\dfrac{(Y_1-mX_1)-(Y_2-mX_2)}{\ln\dfrac{Y_1-mX_1}{Y_2-mX_2}}$

因此,气相总体积吸收系数为:$K_y a=\dfrac{V}{Z\Omega}\dfrac{Y_1-Y_2}{\Delta Y_m}$

回收率:$\Phi=\dfrac{Y_1-Y_2}{Y_1}$

式中,Z为填料高度,m;V为进塔气体中惰性气体空气的流量,kmol空气/h;Y_1,Y_2为表示吸收塔底和塔顶气相中溶质摩尔比,kmol氨/kmol空气;X_1,X_2为表示吸收塔底和塔顶液相中溶质摩尔比,kmol氨/kmol水;Ω为塔横截面积,m^2;ΔY_m为全塔对数平均浓度差;m 为相平衡常数;φ 为回收率;K_ya 为气相总体积吸收系数,kmol/(m^3 · h)。

吸收塔的气体进口条件是由前一工序决定的,控制和调节吸收操作结果的是吸收剂的进口条件:流率 L、温度 t、浓度 X 三个要素。

由吸收分析可知,改变吸收剂用量是对吸收过程进行调节的最常用的方法,当气体流率 G 不变时,增加吸收剂流率,吸收速率 N_A 增加,溶质吸收量增加,那么出口气体的组成 y_2 减小,回收度 η 增大。当液相阻力较小时,增加液体的流量,总传质系数变化较小或基本不变,溶质吸收量的增加主要是由于传质平均推动力 Δy_m 的增加而引起的,即此时吸收过程的调节主要靠传质系数大幅度增加,而平均推动力可能因此而减小,但总的结果使传质速度增大,溶质吸收量增大。

吸收剂入口温度对吸收过程影响也甚大,也是控制和调节吸收操作的一个重要因素。降低吸收剂的温度。使气体的溶解度增大,相平衡常数减小。

对于液膜控制的吸收过程,降低操作温度、吸收过程的阻力将随之减小,结果使吸收效果变好,y_2 降低,而平均推动力 ΔY_m 或许会减小。对于气相控制的吸收过程,降低操作温度,过程阻力不变,但平均推动力增大,吸收效果同样将变好。总之,吸收剂温度的降低,改变了相平衡常数,对过程阻力及过程推动力都产生影响,其总的结果使吸收效果变好,吸收过程的回收度增加。

吸收剂进口浓度 x_2 是控制和调节吸收效果的又一重要因素。吸收剂进口浓度 x_2 降低,液相进口处的推动力增大,全塔平均推动力也将随之增大而有利于吸收过程回收率的提高。

实验采用水吸收空气中的氨气,测定气液相溶质摩尔比 Y_1、Y_2、X_1、X_2,气液相流量 V、L,计算气相总体积吸收系数。

4. 实验装置和流程

(1) 设备

填料塔材质为硼酸玻璃管,内装拉西瓷环填料。

填料层高度 Z=0.4 m,内径 D=0.075 m

(2) 流程

吸收流程如图 6-1 所示。空气由鼓风机送入空气转子流量计计量,氨气由氨瓶送入氨气转子流量计计量,然后进入空气管道与空气混合后进入吸收塔底部,水由自来水管经水转子流量计调节后进入塔顶。分析塔顶尾气浓度时靠降低水准瓶的位置,将塔顶尾气吸入吸收瓶和量气管。在吸入塔顶尾气之前,预先在吸收瓶内放入 5 mL 已知浓度的硫酸作为吸收尾气中氨之用。吸收液的

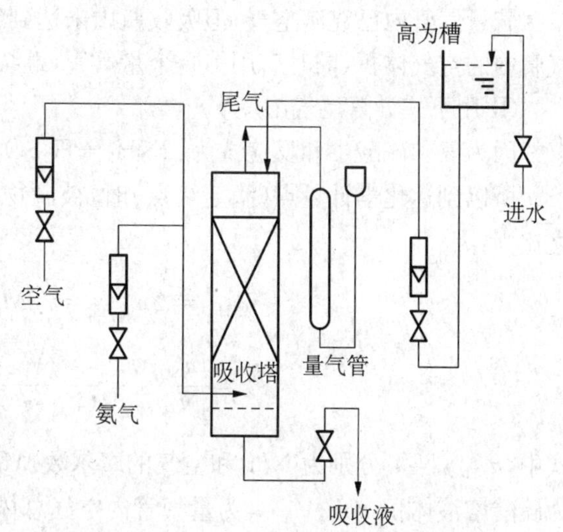

图 6-1　填料塔总吸收系数测定装置示意图

取样可在塔底取样口进行。

5. 实验操作

(1) 测量某喷淋量下填料层$(\Delta P/Z)$-U关系曲线

先打开水的调节阀，使水的喷淋量为40 L/h，后启动鼓风机，用空气调节阀调节进塔的空气流量，按空气流量从小到大的顺序读取填料层压降ΔP，转子流量计读数和流量计处空气温度，并注意观察塔内的操作现象，一旦看到液泛现象时记下对应的空气转子流量计读数。在对数坐标纸上标出液体喷淋量为40 L/h时的$(\Delta P/Z)$-U关系曲线，确定液泛气速与观察的液泛气速相比较。

(2) 测一定空气流量和水流量下的氨气的吸收效果

① 选择适宜的空气流量和水流量根据空气转子流量计校正曲线和氨气流量校正曲线计算向进塔空气中送入的氨气流量，混合气体中氨组分为0.02～0.03左右摩尔比。

② 先调节好空气流量和水流量，打开氨气钢瓶总阀调节氨流量，使其达到需要值，在空气、氨气和水的流量不变条件下操作一定时间，过程基本稳定后，记录各流量计读数和温度，记录塔底排出液的温度，并分析塔顶尾气及塔底吸收液的浓度。

(3) 尾气分析方法

① 排出两个量气管内空气，使其中水面达到最上端的刻度线零点处，并关闭三通旋塞。

② 用移液管向吸收瓶内装入5 mL浓度为0.005 M左右的硫酸并加入1～2滴甲基橙指示液。

③ 将水准瓶移至下方的实验架上缓慢地旋转三通旋塞，让塔顶尾气通过吸收瓶，旋塞的开度不宜过大，以吸收瓶内液体以适宜的速度不断循环流为限。

从尾气开始通入吸收瓶开始就必须始终观察瓶内液体的颜色，中和反应达到终点时立即关闭三通旋塞，在通气管内水面与水准瓶内水面齐平的条件下读取量气管内空气的体积。

若量气管内已充满空气，但吸收瓶内未达到终点，可关闭对应的三通旋塞，读取该量气管内的空气体积，同时启用另一个量气管，继续让尾气通过吸收瓶。

④ 用下式计算尾气浓度Y_2

因为氨和硫酸中和反应式为：$2NH_3+H_2SO_4=(NH_4)_2SO_4$

所以到达化学计量点(滴定终点)时，被滴物的摩尔数n_{NH_3}和滴定剂的摩尔数$n_{H_2SO_4}$之比为：$n_{NH_3}:n_{H_2SO_4}=2:1$

$$n_{NH_3}=2n_{H_2SO_4}=2M_{H_2SO_4}\cdot V_{H_2SO_4} \tag{6-1}$$

$$Y_2=\frac{n_{NH_3}}{N_{空气}}=\frac{2M_{H_2SO_4}\cdot V_{H_2SO_4}}{(V_{量气管}\times T_0/T)/22.4} \tag{6-2}$$

式中，n_{NH_3}，$N_{空气}$分别为NH_3和空气的摩尔数；$M_{H_2SO_4}$为硫酸溶液摩尔浓度，mol/L；$V_{H_2SO_4}$为硫酸溶液体积，mL；$V_{量气管}$为量气管内空气总体积，mL；T_0为标准状态时绝对温度273 K；T为操作条件下的空气绝对温度K。

(4) 塔底吸收液的分析方法

① 当尾气分析吸收瓶达中点后即用三角接取塔底吸收液样品，约200 mL并加盖。

② 用移液管取塔底溶液 10 mL 置于另一个三角瓶中，加入 2 滴甲基橙指示剂。

③ 将浓度约为 0.05 mol/L 的硫酸置于酸式滴定管内，用以滴定三角瓶中的塔底溶液至终点。

(5) 水喷淋量保持不变，加大或减小空气流量，相应地改变氨流量，使混合气中的氨浓度与第一次传质实验时相同，重复上述操作，测定有关数据。

6. 实验注意事项

① 启动鼓风机前，务必先全开放空阀。

② 做传质实验时，水流量不能超过 40 L/h，否则尾气的氨浓度极低，给尾气分析带来麻烦。

③ 两次传质实验所用的进气氨浓度必须一样。

7. 实验数据记录及处理

① 干填料时 $\Delta P/z-U$ 关系测定

$L=0$　填料层高度 $Z=0.4$ m　塔径 $D=0.075$ m

序号	填料层高度 ΔP(mmH_2O)	单位高度填料层压降 $\Delta P/Z$(mmH_2O)	空气转子流量计读数(m^3/h)	空气流量计处空气温度 t(℃)	对应空气的流量 V_h(m^3/h)	空塔气速 u(m/s)
1						
2						
3						
…						

② 喷淋量为 40 L/h，$\Delta P/Z-U$ 关系测定

序号	填料层高度 ΔP (mmH_2O)	单位高度填料层压降 $\Delta P/Z$(mmH_2O)	空气转子流量计读数 (m^3/h)	空气流量计处空气温度 t (℃)	对应空气的流量 V_h(m^3/h)	空塔气速 u(m/s)	塔内操作现象
1							
2							
3							
…							

③ 传质实验

被吸收的气体混合物：空气＋氨混合气；吸收剂：水；填料种类：拉西瓷环；填料尺寸：10×10×1.5 mm；填料层高度：0.4 m；塔内径：75 mm

实验项目			1	2
空气流量	空气转子流量计读数	m^3/h		
	转子流量计处空气温度	℃		
	校正后空气体积流量	m^3/h		

（续表）

实验项目			1	2
氨气流量	氨转子流量计读数	m^3/h		
	转子流量计处氨温度	℃		
	校正后氨体积流量	m^3/h		
水流量	水转子流量计读数	L/h		
	水流量	L/h		
塔顶 Y_2 的测定	测定用硫酸浓度	mol/L		
	测定用硫酸体积	mL		
	量气管内空气总体积	mL		
	量气管内空气温度	℃		
塔底 X_1 的测定	滴定用硫酸浓度 M	mol/L		
	滴定用硫酸体积	mL		
	样品体积	mL		

实验数据处理结果

实验项目		1	2
塔底气相浓度 Y_1	kmol 氨/kmol 空气		
塔顶气相浓度 Y_2	kmol 氨/kmol 空气		
塔底液相浓度 X_1	kmol 氨/kmol 水		
Y_1^*	kmol 氨/kmol 空气		
平均浓度差 ΔY_m	kmol 氨/kmol 空气		
气相总传质单元数 N_{OG}			
气相总传质单元高度 H_{OG}	m		
空气的摩尔流量 V	kmol/h		
气相总体积吸收系数 K_ya	kmol 氨/(m^3·h)		
回收率 φ			

8. 思考题

① 从传质推动力和传质阻力两方面分析吸收剂流量和温度对吸收过程的影响？

② 水吸收氨气是气膜控制还是液膜控制？

③ 要提高氨水浓度有什么方法(不改变进气浓度)？这时又会带来什么问题？

④ 填料吸收塔底为什么要有液封装置？液封装置是怎么设计的？

实验十一　板式精馏塔的操作及全塔效率的测定

主题词　精馏塔　全塔效率　分离

主要操作　装样　精馏　取样　分析

1. 实验目的

① 熟悉板式精馏塔的结构、精馏流程及原理。

② 掌握精馏塔的操作。

③ 学会精馏塔效率的测定。

④ 观察精馏过程中汽-液两相在塔板上的接触情况。

⑤ 了解回流的作用。

⑥ 掌握灵敏板的工作原理及其作用。

2. 背景材料

精馏是分离过程的重要单元操作，广泛用于化工和其他工业部门。本精馏塔采用筛板结构，塔身有三节玻璃塔段和一个玻璃产品受器，以便于观察和教学。塔釜采用电热棒加热，全塔可以进行连续进出料操作。装有三处温度指示，为塔的操作情况提供信息。该塔的主要用途是：供化工原理实验教学使用；供科研及分离小批量物料使用。技术要求和总体指标是：用于乙醇/水体系，原料组成为 15%～20%(V)，塔顶馏出物乙醇浓度达 94%～95%(V)，塔釜残液乙醇浓度 2%～3%(V)。

3. 实验原理

(1) 维持稳定连续精馏操作过程的条件

① 根据进料量及其组成、分离要求，严格维持塔内的物料平衡。

总物料平衡

$$F = D + W \tag{6-3}$$

若 $F > D + W$，塔釜液面上升，会发生淹塔；相反，若 $F < D + W$，会引起塔釜干料，最终导致破坏精馏塔的正常操作。

各组分的物料平衡

$$Fx_F = Dx_D + Wx_W \tag{6-4}$$

塔顶采出率

$$\frac{D}{F} = \frac{x_F - x_W}{x_D - x_W} \tag{6-5}$$

若塔顶采出率过大，即使精馏塔有足够的分离能力，塔顶也不能获得合格产物。

② 精馏塔的分离能力

在塔板数一定的情况下，正常的精馏操作要有足够的回流比，才能保证一定的分离效果,获得合格的产品,所以要严格控制回流量。

③ 精馏塔操作时,应有正常的汽液负荷量,避免不正常的操作状况:严重的液沫夹带现象;严重的漏液现象;溢流液泛。

(2) 产品不合格原因及调节方法

① 由于物料不平衡而引起的不正常现象及调节方法

(a) 过程在 $Dx_D > Fx_F - Wx_W$ 下操作:随着过程的进行,塔内轻组分会大量流失,重组分则逐步积累,表现为釜温正常而塔顶温度逐渐升高,塔顶产品不合格。

引起的不正常原因:塔顶产品与塔釜产品采出比例不当;或进料组成不稳定,轻组分含量下降。

调节方法:减少塔顶采出量,加大进料量和塔釜出料量,使过程在 $Dx_D < Fx_F - Wx_W$ 下操作一段时间,以补充塔内轻组分量。待塔顶温度下降至规定值时,再调节参数使过程恢复到 $Dx_D = Fx_F - Wx_W$ 下操作。

(b) 过程在 $Dx_D < Fx_F - Wx_W$ 下操作:与上述情况相反,随着过程的进行,塔内重组分流失而轻组分逐步积累,表现为塔顶温度合格而釜温下降,塔釜产品不合格。

引起的不正常原因:塔顶产品与塔釜产品采出比例不当;或进料组成不稳定,轻组分含量升高。

调节方法:可维持回流量不变,加大塔顶采出量,同时相应调节加热蒸汽压,使过程在 $Dx_D > Fx_F - Wx_W$ 下操作。适当减少进料量,待釜温升至正常值时,再按 $Dx_D = Fx_F - Wx_W$ 的操作要求调整操作条件。

② 分离能力不够引起的产品不合格现象及调节方法:表现为塔顶温度升高,塔釜温度下降,塔顶、塔釜产品都不符合要求。

调节方法:一般可通过加大回流比来调节,但必须防止严重的液沫夹带现象发生。

③ 进料量发生变化的影响及调节;

④ 进料组成发生变化的影响及调节;

⑤ 进料温度发生变化的影响——即 q 线对过程的影响。

(3) 灵敏板温度

灵敏板温度是指一个正常操作的精馏塔当受到某一外界因素的干扰(如 R、x_F、F、采出率等发生波动时),全塔各板上的组成发生变化,全塔的温度分布也发生相应的变化,其中有一些板的温度对外界干扰因素的反应最灵敏,故称它们为灵敏板。灵敏板温度的变化可预示塔内的不正常现象的发生,可及时采取措施进行纠正。

(4) 全塔效率

全塔效率是板式塔分离性能的综合度量,一般由实验测定。

$$\eta = \frac{N_T}{N} \tag{6-6}$$

式中 N_T、N 分别表示全回流下达到某一分离要求所需的理论板数和实际板数。

3. 实验装置和流程

蒸馏釜——$\phi 250 \times 400 \times 3$ mm 不锈钢制,内有两支电热棒,一支为恒定加热(1.5 kW),另一支为可调加热(0~1 kW)。

塔体——塔　径：50 mm

塔板数：15

板间距：100 mm

开孔率：3.8%

孔　径：2 mm

孔　数：21，三角形排列

溢流管：ϕ14×2 不锈钢管，堰高 $h_0=10$ mm

塔顶冷凝器——不锈钢制，蛇管式，上面有排气旋塞。

产品储槽——ϕ250×400×3 mm 不锈钢制。

料槽与供料泵

仪表参数——回流流量计：量程 6～60 mL/min

产品流量计：量程 2.5～25 mL/min

进料流量计：量程 0～10 L/h

操作参数——P(塔釜)＝2.0～3.5×10^3 Pa(表压)

T(灵敏板)＝78～83℃

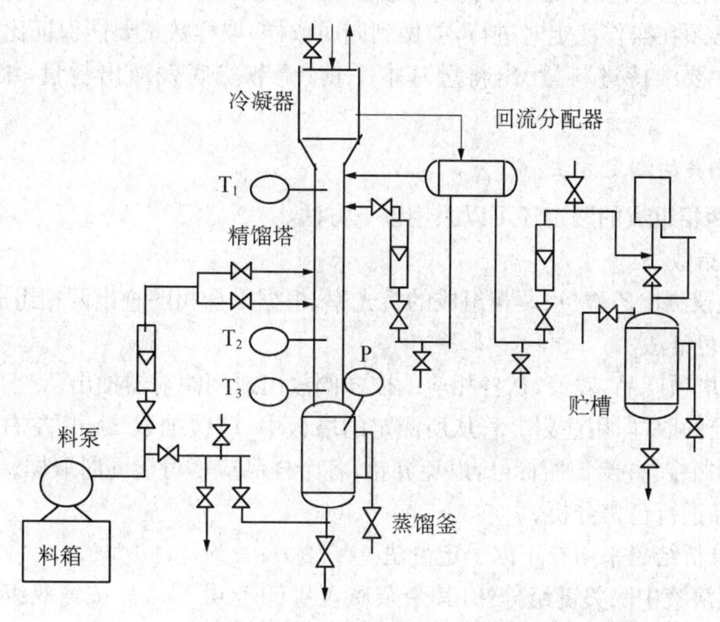

图 6-2　板式精馏塔的操作及全塔效率测定装置示意图

4. 实验操作

(1) 实验要求

① 测定全塔效率；

② 要求分离 15%～20%(体积百分数，以下用 v 表示)的乙醇水溶液，达到塔顶馏出液乙醇浓度大于 93%(v)，塔釜残液乙醇浓度小于 3%(v)。并在规定的时间内完成 500 mL的采出量，记录下所有的实验参数；

③ 要求控制料液进料量为 3 L/h，调节回流比，尽可能达到最大的塔顶馏出液浓度。

(2) 实验步骤

① 在塔釜中先加入15%～20%(v)的乙醇水溶液，液面居液位计的2/3处，开启加热电源，电压为220 V，打开塔顶冷凝器进水阀，关闭出料控制阀，开足回流控制阀，使塔处于全回流状态下操作，建立板上稳定汽液两相接触状况。

② 同时取样分析塔顶组成x_D与塔釜组成x_W。用比重计分析时注意，样品必须冷却至20℃，比重计测得值的单位是v%，将此值查表或计算即可得mol%。

③ 部分回流时，将加料流量计开至3 L/h，微微开大加热电流，基本上要保持精馏段原来上升的气量。正常的釜压应控制在P(釜)＝2.0～3.5×10^3 Pa(表压)，T(灵敏板)＝78～83℃。重复以上操作。

5. 实验注意事项

① 预热时，要及时开启塔顶冷凝器的冷却水阀；当釜液沸腾后，要注意控制加热量。

② 由于开车前塔内存有较多的不凝性气体-空气，开车后要利用上升的蒸汽将其排出塔外，因此开车后要注意开启塔顶的排气考克。

③ 部分回流操作时，要预先选择好回流比和加料口。

④ 要随时注意釜内的压强、灵敏板的温度等操作参数的变化情况，随时加以调节控制。

⑤ 取样必须在操作稳定时进行，要做到同时取样，取样数量要能保证比重计浮起。

⑥ 操作中要维持进料量、出料量基本平衡；调节釜底残液出料量，维持釜内液面不变。

6. 其他相关的测定方法

乙醇-水两相组成的测定还可以采用以下方法。

(1) 折光指数法

采用折光仪测出乙醇-水两相组成的折光率，根据平衡相图查出两相组成。

(2) 气相色谱法

① 进料、塔顶产品、残液，从各相应的取样阀放出或用注射器抽出。

② 塔板处的取样，用注射针管从所测定的塔板中，缓缓抽取1 mL左右，注入事先洗净烘干的试剂瓶中，并给该瓶标号，以免弄错，各个样品应尽可能同时取样。

③ 将样品进行色谱分析。

④ 色谱分析结果采用校正因子定量法。

因实验用溶液中除关键组分外，其余杂质含量低于0.2%，故按纯双组分处理，误差可以忽略，分析结果按下式计算：

$$M_1 = (A_1 f_1)/(A_2 f_2)$$

式中：M_1为被测组分a在溶液中的mol分数；A_1为组分a的色谱峰面积；A_2为组分b的色谱峰面积；f_1为纯组分a的热导mol校正因子，$f_{乙醇}$＝1.39；f_2为纯组分b的热导mol校正因子，$f_{水}$＝3.06。

7. 思考题

① 精馏塔操作中，塔釜压力为什么是一个重要操作参数？塔釜压力与哪些因数有关？

② 板式塔汽-液两相的流动特点是什么?

③ 操作中增加回流比的方法是什么? 能否采用减少塔顶出料量 D 的方法?

④ 精馏塔在操作过程中,由于塔顶采出率太大而造成产品不合格,恢复正常的最快、最有效的方法是什么?

⑤ 实验中,进料状况为冷态进料,当进料量太大时,为什么会出现精馏段干板,甚至出现塔顶既没有回流又没有出料的现象? 应如何调节?

⑥ 在部分回流操作时,你是如何根据全回流的数据,选择一个合适的回流比和进料口的位置?

实验十二　液-液萃取塔的操作

主题词　萃取　传质　萃取效率　最大通量

主要操作　装料　流量计调节　萃取　分析

1. 实验目的

① 了解液-液萃取设备的结构和特点。

② 掌握液-液萃取塔的操作。

③ 掌握传质单元高度的测定方法,并分析外加能量对液液萃取塔传质单元高度和通量的影响。

2. 背景材料

萃取是分离液体混合物的一种常用操作。它的工作原理是在待分离的混合液中加入与之不互溶(或部分互溶)的萃取剂,形成共存的两个液相。利用原溶剂与萃取剂对各组分的溶解度的差别,使原溶液得到分离。

2. 实验原理

(1) 液-液萃取设备的特点

液液两相传质和气液两相传质均属于相间传质过程,这两类传质过程具有相似之处,但也有所差别。在液液系统中,两相间的重度差较小,界面张力也不大,从过程的流体力学条件来看,在液液相接触过程中,能用于强化过程的惯性不大,同时分散的两相分层分离能力也不高。因此,对于气液接触效率较高的设备,用以液液接触就显得效率不高。为了提高液液相传质设备的效率,常常补给能力,如搅拌、脉动、振动等。为使两相逆流和两相分离,需要分层段,以保证有足够的停留时间,让分散的液相凝聚,实现两相的分离。

(2) 液液萃取塔的操作

萃取塔在开车时,应首先将连续相注满塔中,然后开启分散相,分散相必须经凝聚后才能自塔内排出。因此,若轻相作为分散相时,应使分散相不断在塔顶分层段凝聚,在两相界面维持在适当高度后,再开启分散相出口阀门,并依靠重相出口的 Π 形管自动调节界面高度。若重相作为分散相时,则分散相不断在塔底的分层段凝聚,两相界面应维持在塔底分层段的某一位置上。

(3) 外加能量的问题

液液传质设备引入外界能量促进液体分散,改善两相流动条件,这些均有利于传质,从而提高萃取效率,降低萃取过程的传质单元高度。但应该注意,过度的外加能量将大大增加设备内的轴向混合,减小过程的推动力。此外过度分散的液滴内将消失内循环,这些均是外加能量带来的不利因素。权衡这两方面的因素,外加能量应适度。对于某一具体萃取过程,一般应通过实验寻找合适的能量输入量。

(4) 液泛

在连续逆流萃取操作中,萃取塔的通量(又称负荷)取决于连续相容许的线速度,其上限为最小的分散相液滴处于相对静止状态时的连续相流率。这时塔刚处于液泛点(即为液泛速度)。在实验操作中,连续相的流速应在液泛速度以下,为此需要有可靠的液泛数据,一般是在中试设备中用实际物料实验测得的。

(5) 液液相传质设备内的传质

与精馏、吸收过程类似,由于过程的复杂性,萃取过程也可分解为理论级和级效率,以及传质单元数和传质单元高度。对于转盘塔、振动塔这类微分接触的萃取塔,一般采用传质单元数和传质单元高度来处理。

传质单元数表示过程分离难易的程度。

对于稀溶液,传质单元数可近似用下式表示:

$$N_{OR} = \int_{x_2}^{x_1} \frac{\mathrm{d}x}{x - x^*} \tag{6-7}$$

式中,N_{OR}为以萃余相为基准的总传质单元数;x 为萃余相中溶质的浓度;x^* 为与相应萃取相浓度成平衡的萃余相中溶质浓度;x_1、x_2为分别表示两相进塔和出塔的萃余相浓度。

传质单元高度表示设备传质性能的好坏,可由下式表示:

$$H_{OR} = \frac{H}{N_{OR}} \tag{6-8}$$

式中,H_{OR}为以萃余相为基准的传质单元高度;H 为萃取塔的有效接触高度。

已知塔高 H 和传质单元数 N_{OR},可由上式求得 H_{OR}的数值。H_{OR}反映萃取设备传质性能的好坏,H_{OR}越大,设备效率越低。影响萃取设备传质性能 H_{OR}的因素很多,主要有设备结构因素、两相物性因素、操作因素以及外加能量的形式和大小。

4. 实验装置和流程

本实验装置中的主要设备是振动式萃取塔和转盘萃取塔。振动式萃取塔,又称往复振动筛板塔,是一种效率比较高的液—液萃取设备。

振动塔的上下两端各有一沉降室。为使每相在沉降室中停留一定时间,通常作成扩大形状。在萃取区有一系列的筛板固定在中心轴上,中心轴由塔顶外的曲柄连杆机构驱动,以一定的频率和振幅带动筛板作往覆运动。当筛板向上运动时,筛板上侧的液体通过筛孔向下喷射;当筛板向下运动时,筛板下侧的液体通过筛孔向上喷射。使两相液体处于高度湍动状态,使液体不断分散,并推动液体上下运动,直至沉降。

振动塔具有以下几个特点:① 传质阻力小,相际接触界面大,萃取效率较高;② 在单位塔截面上通过的物料流量高，生产能力较大；③ 应用曲柄连杆机构，筛板固定在刚性轴上，操作方便，结构可靠。实验流程如图 6-3 所示。

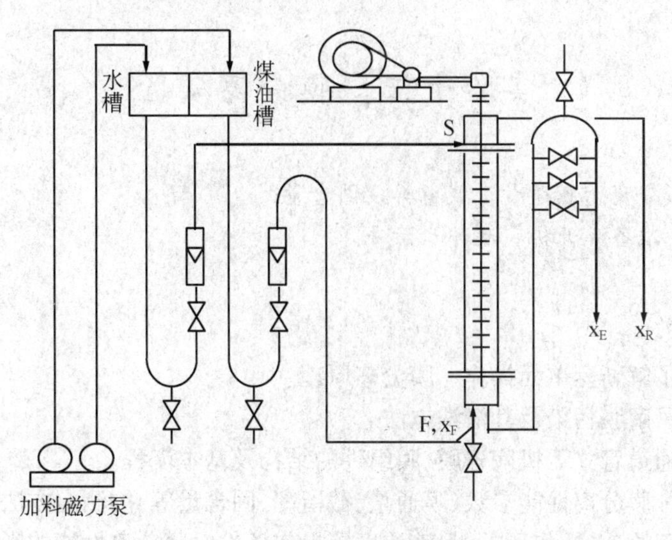

图 6-3　液-液萃取操作装置示意图

5. 实验操作

(1) 实验要求

以水萃取煤油中的苯甲酸为萃取物系，选用萃取剂与料液之比为 1∶1。

① 以煤油为分散相，水为连续相，进行萃取过程的操作；

② 测定不同频率或不同振幅下的萃取效率（传质单元高度）；

③ 在最佳效率和振幅下，测定本实验装置的最大通量或液泛速度。

(2) 实验步骤

① 应先在塔中灌满连续相（水），然后开启分散相（煤油），待分散相在塔顶凝聚一定厚度的液层后，通过连续相的出口 *II* 形管，调节两相的界面于一定高度。

② 振动筛板塔的振幅可通过曲柄连杆机构调节，频率可通过电压调节。

③ 在一定频率和振幅下，当通过塔的两相流量增大时，塔内分散相的滞留量也不断增加，液泛时滞留量可达到最大值。此时可观察到分散相不断合并并最终导致转相，并在塔底（或塔顶）出现第二界面。

(3)苯甲酸浓度测定

采用化学滴定法。取 25 mL 油相＋等量水＋酚酞指示剂，用 0.01 mol/L 的 NaOH 溶液滴定，油相由无色变为粉红色，计算苯甲酸浓度。$X_{萃取相}=2.2X_{萃余相}$。其中，X 为质量百分比浓度。

6. 思考题

① 液液萃取设备与气液传质设备有何主要区别？

② 本实验为什么不宜用水作为分散相？倘若用水作为分散相，操作步骤应该如何？两相分层分离段应设在塔顶还是塔底？

③ 重相出口为什么采用Ⅱ形管？Ⅱ形管的高度是怎么确定的？

④ 什么是萃取塔的液泛？在操作中，你是怎么确定液泛速度的？

⑤ 对液液萃取过程来说，外加能量是否越大越有利？

实验十三　膜分离实验

主题词　膜分离　膜通量　截留率　固含量

主要操作　准备　开机　反冲　清洗

1. 实验目的

① 熟悉和了解新型单元操作—膜分离原理。

② 熟悉和了解膜污染及其清洗方法。

③ 掌握多通道管式无机陶瓷膜、膜组件的结构及基本流程。

④ 掌握表征膜分离性能参数(膜通量、截留率、固含量等)的测定方法。

⑤ 测定膜面流速、操作压差、料液浓度等操作条件对膜分离性能的影响。

2. 背景材料

膜科学与分离涉及化学工程、材料、环境和膜科学等多学科交叉的领域。主要有：① 膜科学与工程——中空纤维膜/平板膜及其复合膜的制备技术重点研究高分子膜形成机理、模型(热力学和动力学)、膜表面改性、合金膜、膜表征等；气体/液体分离膜工程重点研究反渗透、超滤膜、纳滤膜、渗透汽化膜、气体分离膜等；膜材料重点研究含氟高分子材料、聚酰亚胺、碳分子筛等；② 集成分离工程——分离与反应、膜分离与反应等耦合过程，以及生物与中药产品、超净高纯电子化学品、石油化工等集成膜分离过程；③ 污水治理工程——各种膜分离技术在环境工程中的应用和开发。

反渗透是最精细的过程，因此又称“高滤”(hyperfiltration)，它是利用反渗透膜选择性地只能透过溶剂而截留离子物质的性质，以膜两侧静压差为推动力，克服溶剂的渗透压，使溶剂通过反渗透膜而实现对液体混合物进行分离的膜过程，反渗透过程的操作压差一般为1.0～10.0 Mpa，截留组分为$(1\sim10)*10^{-10}$ m小分子溶质，水处理是反渗透用得最多的场合，包括水的脱盐、软化、除菌除杂等，此外其应用也扩展到化工、食品、制药、造纸工业中某些有机物和无机物的分离等。

3. 实验原理

(1) 基本原理

膜分离技术是利用半透膜作为选择分离层，允许某些组分透过而保留混合物中其他组分，从而达到分离目的的一大类新兴的高效分离技术，其分离推动力是膜两侧的压差、浓度差或电位差，适于对双组分或多组分液体或气体进行分离、分级、提纯或富集。膜是两相之间的选择性屏障，选择性是膜或膜过程的固有特性。

由压力推动的膜过程的显著特征是溶剂为连续相而溶质浓度相对较低，在压力(推动力)的作用下，溶剂和部分溶质分子或颗粒通过膜，而另一些分子或颗粒则被截留。截留程度取决于溶质颗粒或分子的大小及膜结构。于是可将压力推动的膜分离过程分为：反渗透(RO:reverse osmoise),超滤(UF:ultrafiltration),微滤(MF:microfiltration),纳滤(NF:nanofiltration)。

反渗透、纳滤、超滤与微滤之间没有明确的分界线,它们都以压力为驱动力,溶质或多或少被截留,截留物质的粒径在某些范围内相互重叠。

常见的膜分离过程如图6-4所示,原料混合物通过膜后被分离成截留物(浓缩物)和透过物。通常原料混合物、截留物及透过物为液体或气体,有时可在膜的透过物一侧加入一个清扫流体以帮助移除透过物。半透膜可以是薄的无孔聚合物膜,也可以是多孔聚合物、陶瓷或金属材料的薄膜。

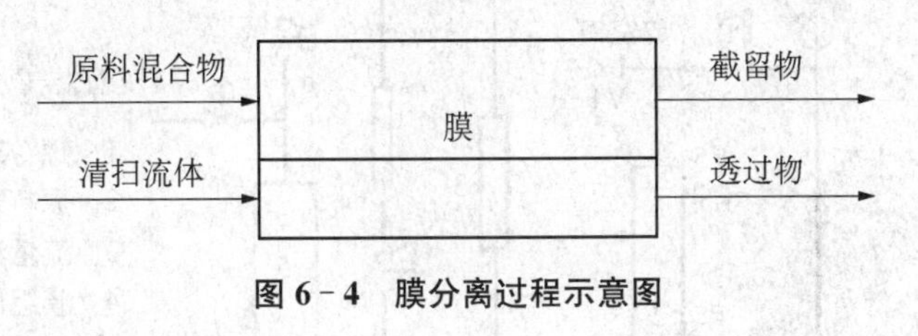

图6-4 膜分离过程示意图

(2) 膜分离过程的基本参数

对膜的分离透过特性,一般通过膜的截留率、透过通量、截留分子量等参数表示。

① 截留率 R 指料液中分离前后被分离物质的截留百分数。

$$R = \frac{c_1 - c_2}{c_1} \times 100\% \tag{6-9}$$

式中,c_1、c_2为料液主体和透过液中被分离物质(如盐、微粒和大分子等)的浓度。

② 透过速率(通量)J 指单位时间、单位膜面积上的透过物量,常用的单位为 $kmol \cdot m^{-2} \cdot s^{-1}$ 或 $m^3 \cdot m^{-2} \cdot s^{-1}$。由于操作过程中膜的压密、堵塞等原因,膜的透过率将随时间降低。透过速率与时间的关系一般可表示为:

$$J = J_0 t^m \tag{6-10}$$

式中,J_0为初始操作时的透过速率;J 为操作时间;m 为衰减指数。

③ 截留物的分子量 若对溶液中的大分子物质进行分离,截留物的分子量在一定程度上反映膜孔径的大小,但由于多孔膜孔径大小不尽相同,被截留物的分子量将在一定范围内分布。所以,一般取截留率为90%的物质的分子量作为膜的截留分子量。截留率大、截留分子量小的膜往往透过通量低,故在选择时需在两者之间权衡。

④ 固体颗粒的粒级分离效率 若对悬浮液中的固体颗粒进行分离,粒径大于膜孔径的固体颗粒被截留,粒径小于膜孔径的固体颗粒部分透过膜孔进入透过液,部分依然被截留,测定悬浮液和透过液中的固体颗粒的粒径分布和浓度,即可计算出粒级分离效率。

4. 实验装置和流程

无机陶瓷膜微滤设备——滤膜为多通道内压式 α-Al_2O_3 陶瓷微滤膜,平均孔径规格有50 nm、0.2 μm、0.8 μm等,膜面积0.1 m^2。流程示意图如图6-5所示。

5. 实验操作

(1) 系统准备

打开控制柜柜门，合上总空气开关，给控制柜送电，再合上其他空气开关，关闭控制柜柜门。

检查阀门：保证阀门 V2、V4、V5、V7、V9 在关闭状态；保证阀门 V1、V6、V8 在开启状态：阀门 V3 半开。启动空压机，接通压缩空气，给设备通气，气压控制在 0.3～0.7 Mpa。

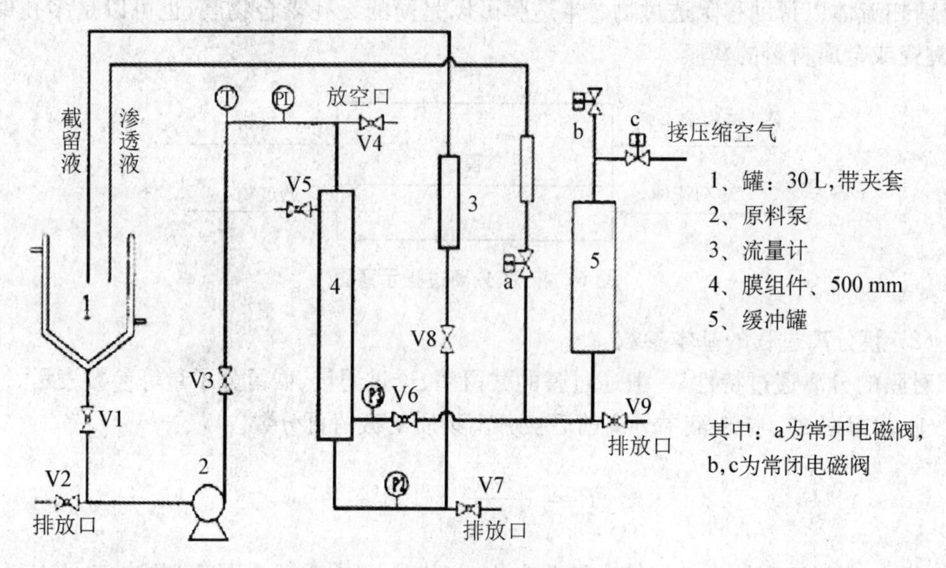

图 6-5 膜分离实验装置示意图

(2) 开机

① 向原液罐中加入料液；

② 恢复阀门至待机状态；

注意：开泵前必须再次检查是否阀门均处于正确位置，防止出现“空转”或“打闷泵”情况；

③ 开启循环泵，开始物料浓缩；

④ 调节阀 V3、V8 至所需流量和操作压力；

⑤ 设备运行一段时间后，当原料罐浓缩到一定的液位时，关闭循环泵；

⑥ 根据要求，运行一段时间记录下膜进口压力、膜出口压力、浓缩液流量、渗透液流量、温度，取渗透样、浓缩样；

⑦ 运行结束后打开阀 V1、V2、V4、V5、V7、V9，排空设备中的料液；

⑧ 清洗设备，打开阀 V3，V8，开启循环泵，开始设备清洗；

⑨ 清洗结束后排空设备中的清洗液；

⑩ 恢复阀门至待机状态。

(3) 反冲运行

接通压缩空气。

① 自动反冲：通过时间继电器 1 设定正常运行时间 1，时间继电器 2 设定反冲时间 2，时间继电器 3 设定排气时间 3，将“自动/手动”开关打向自动，即可实现自动反冲。

② 手动反冲：将“自动/手动”开关打向手动，即可单独操作电磁阀。

(4) 陶瓷膜装置的清洗

由于膜的污染导致通量的下降，必须对膜进行清洗。膜清洗的一般原则在高流速、低压力下进行，渗透侧阀门必须处于闭合状态。一般来说，膜清洗方法通常可分为物理方法和化学方法，物理方法是指采用高流速水冲洗，海绵球机械清洗等去除污染物，化学方法是采用对膜材料本身没有破坏、对污染物有溶解作用或置换作用的化学试剂对膜进行清洗。

无机膜以其优异的化学稳定性和高的机械强度可采用更广泛的清洗方法进行清洗。无机膜化学清洗的一般规律为：无机强酸使污染物中一部分不溶性物质变为可溶性物质；有机酸主要清除无机盐的沉积；螯合剂可与污染物中的无机离子络合生成溶解度大的物质，减少膜表面和孔内沉积的盐和吸附的无机污染物；表面活性剂主要清除有机污染物；强氧化剂和强碱是清除油脂和蛋白、藻类等生物物质的污染；而对于细胞碎片等污染体系，多采用酶清洗剂。对于污染非常严重的膜，通常采用强酸、强碱交替清洗，并加入次氯酸钠等氧化剂与表面活性剂。在这些清洗过程中，常采用高速低压的操作条件，有时配以反冲，以发挥物理方法的作用，最大程度地恢复膜通量。化学清洗结束后用清水漂洗至中性。化学清洗剂的选择和清洗方法的确定视原料液的体系通过实验而定。清洗操作过程与正常操作过程一样，但必须关闭渗透侧。

(5) 陶瓷膜装置的保养

陶瓷膜装置停机后需排空系统内的液体，如长期不使用，需每隔一周定期清洗一次，清洗方法同陶瓷膜装置的清洗程序。

霜冻期间不用陶瓷膜装置时，须将陶瓷膜装置内的液体(包括泵、管道等)全部排空以防装置损坏。

6. 实验内容设计

(1) 实验体系：1%质量浓度的 $CaCO_3$(TiO_2)悬浆体系(也可以设计不同浓度的体系)，膜管为 19 通道不对称 ZrO_2微滤无机陶瓷膜(膜面积 0.1 m^2)。

(2) 实验内容：

① 纯水通量的测定：在开始实验前，对膜装置要进行纯水通量的测定，在测定中，使用蒸馏水或者去离子水进行膜分离实验，测定直至通量不再有太大的变化时停止实验。由于没有固体颗粒，所以清水通量比分离实际体系的通量要大，一般地膜的纯水通量用来代表膜的分离性能。

② 分离 $CaCO_3$(TiO_2)悬浆体系的膜通量的测定及影响因素：在膜装置料桶中加入 $CaCO_3$(TiO_2)悬浆体系，进行膜分离实验，按时间记录膜通量。膜通量的影响因素主要有：膜管孔径、操作压差(膜管内外的压差即跨膜压差)、膜面流速(在膜管内流动的实际流体流速)、料浆浓度、料液的温度，酸碱性(pH 值)等。

③ 膜清洗实验：经过 $CaCO_3$(TiO_2)悬浆体系的膜分离实验之后，会发现膜通量会随着实验时间的延长而下降，这是因为膜表面受到了污染，实验结束后需要对膜管进行清洗，膜管的清洗方法有：酸洗(1% HNO_3)、碱洗(1% NaOH)、表面活性剂清洗和清水清洗等方法。由于本实验所用体系是 $CaCO_3$(TiO_2)，在膜表面附着力不强，所以清洗方法选

用清水清洗。在膜装置料桶中加入蒸馏水或者去离子水，进行清洗实验，记录膜通量，与清水通量进行对比，看看清洗对膜通量的恢复程度。

(3) 实验数据的处理：实验数据使用 Origin 或者 Excel 等其他数据处理软件作出膜通量 $J-t$ 的曲线，然后进行分析得出自己的结论。

7. 实验流程设计

① 查阅文献资料：通过专著或者网上资源检索(关键词可拟为无机膜、膜分离等)膜分离相关的文献资料；

② 确定实验方案，撰写实验方案及预习报告，报告中要绘出膜分离原理示意图，预习报告经指导老师检查合格后才允许实验；

③ 开始实验，实验结束后处理和分析实验数据，得出自己的结论。

8. 思考题

① 膜通量随压力和温度如何变化？为什么？

② 为什么随着分离时间的进行，膜通量越来越低？

③ 进行膜管清洗时，为什么要关闭渗透侧？

第七章　化工原理仿真实验

仿真实验一　流体阻力仿真实验

【仿真实验内容】

本仿真实验是采用计算机模拟测定直管段流体阻力引起的压强 ΔP_f 与流速 u（流量 V）之间的关系。根据实验数据和阻力公式可以计算出不同流速下的直管摩擦系数 λ 及雷诺数 Re，进一步探讨直管摩擦系数和雷诺数的关系，绘出 λ 与 Re 的关系曲线。

【实验流程图及相关参数】

流体阻力仿真实验装置如图 7－1 所示。

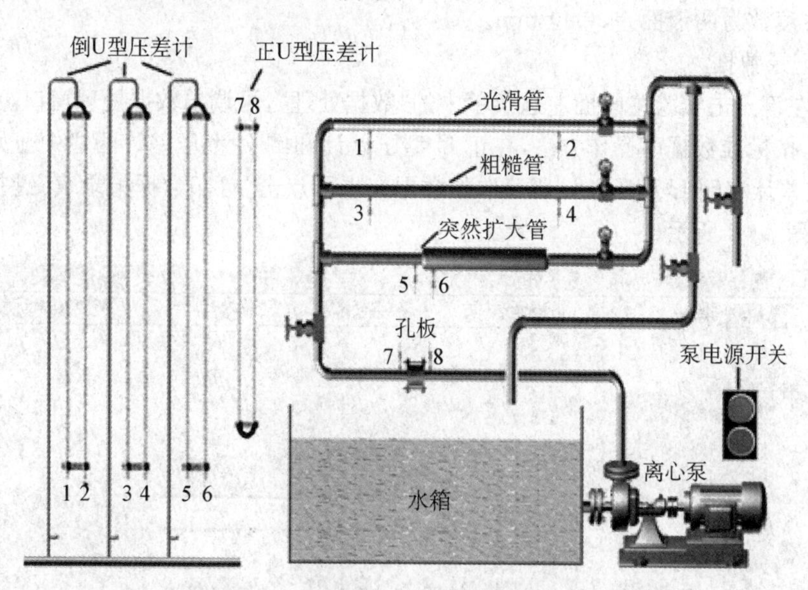

图 7－1　流体阻力仿真实验流程图

本装置中测试管路的主要参数：

光滑管:管内径=20 mm,管长=1.5 m,绝对粗糙度=0.002 mm;

粗糙管:管内径=20 mm,管长=1.5 m,绝对粗糙度=0.2 mm;

突然扩大管:细管内径=20 mm,粗管内径=40 mm;

孔板流量计:开孔直径=12 mm,孔流系数=0.62。

【操作步骤】

1. 开泵

直接点击仿真实验流程图电源开关的绿色按钮接通电源,即可以启动离心泵,并开始工作。因为离心泵的安装高度比水的液面低,因此不需要灌泵。

2. 调节倒U型压差计

按实验要求倒U型压差计的两液柱高度差应为零。此处不用调整,已经在实验前的动画中自动完成。

3. 测量光滑管数据

(1) 光滑管建立流动

启动离心泵并调节完倒U型压差计后,依次调节阀1、阀2、阀3的开度大于0,即可建立流动。调节阀1开度为100,阀2开度为5,阀3开度为100。

(2) 读取数据

鼠标左键点击正或倒U型压差计,即可看到压差计画面(红色液面只是作指示用,真实装置可能为其他颜色,如水银为银白色)。倒U型压差计的取压口与管道上的取压口相连,正U型压差计的取压口与孔板的取压口相连。压差计用鼠标上下拖动滚动条即可读数。

注意:读数为两液面差,单位mm。

(3) 记录数据

鼠标左键点击实验主画面左边菜单中的"数据处理",可调出数据处理窗口,点击光滑管数据页,按标准数据库操作方法,在正U型压差计和倒U型压差计两栏中分别填入从正U型压差计和倒U型压差计所读取的数据。也可点击"打印数据记录表"键打印记录数据。如图7-2所示。

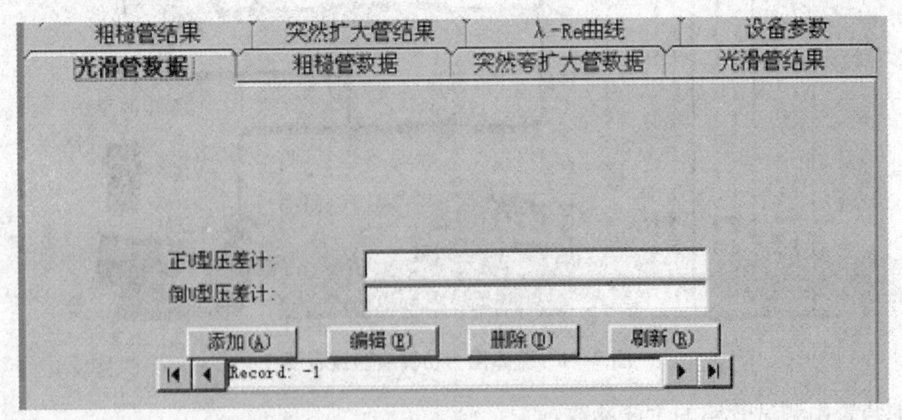

图7-2 流体阻力仿真实验数据处理图

说明:如果使用自动记录功能,则点击“自动记录”键时,数据会被自动写入而不需手动填写。

(4) 记录多组数据

调节阀以改变流量,重复光滑管操作第 $b \sim c$ 步。为了实验精度和回归曲线的需要至少应测量数据 15 组以上。测量完毕,按数据处理要求及程序进行数据整理和计算。

4. 测量粗糙管数据

(1) 粗糙管建立流动

完成光滑管数据的测量和记录后,关闭阀 2,打开阀 4,即可建立粗糙管的流动。阀 1 开度为 100,阀 4 开度为 5,阀 3 开度为 100。

(2) 测量记录数据

测量粗糙管的数据与测量光滑管的数据操作步骤相同,按照测量光滑管的步骤重复实验。为了实验精度和回归曲线的需要至少应测量 15 组数据以上。

5. 测量突然扩大管数据

(1) 突然扩大管建立流动

完成粗糙管数据的测量和记录后,关闭阀 4,打开阀 5,即可建立粗糙管的流动。阀 1 开度为 100,阀 5 开度为 5,阀 3 开度为 100。

(2) 突然扩大管测量记录数据

测量突然扩大管的数据与测量光滑管的数据操作步骤相同,重复测量光滑管数据步骤的第(2)~(4)步。为了实验精度和回归曲线的需要至少应测量 15 组数据以上。

【数据处理】

1. 原始数据

如果使用“自动记录”功能或已经将数据记录在数据库内,则可以跳过此步,如果是将数据记录在“用点击‘打印数据记录表’键所打印的数据记录表”内,请参阅数据记录将所有数据添入数据库。

注意:由于三组数据的格式相同,请注意不要混淆。

2. 数据计算

添好数据后,如果不采用“自动计算”功能,则可以在数据处理的“设备参数”页记录计算所需的设备参数。

如果要使用“自动计算”功能,在相应的计算结果页点击“自动计算”即可,如图 7-3 所示:数据即可自动计算并自动添入数据库。

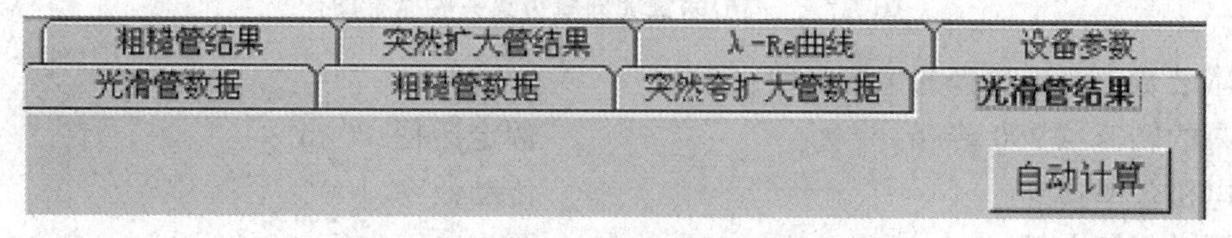

图 7-3　流体阻力仿真实验数据处理图

3. 曲线绘制

计算完成后，在 $\lambda-Re$ 曲线页，点击“开始绘制”即可根据数据自动绘制出曲线。

【思考题】

① 直管阻力测试的原理？
② 阀门不同开启度条件下的阻力变化规律？
③ 怎样体现流体流动状态(类型)与管道压降的关系？
④ 数据处理的原理及预测结果？

仿真实验二　离心泵性能曲线测定仿真实验

【仿真实验内容】

本仿真实验是采用计算机模拟测定离心泵的性能参数，并绘制在一定转速下离心泵的特性曲线。

【实验流程图及相关参数】

离心泵性能曲线仿真实验装置如图 7-4 所示。

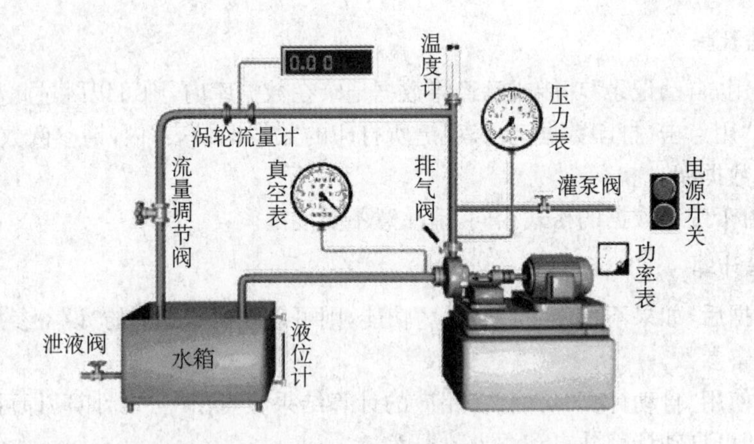

图 7-4　离心泵性能曲线仿真实验流程图

本装置中测试过程的主要参数：

泵的转速：2 900 转/min　　额定扬程：20 m
电机效率：93%　　传动效率：100%
泵进口管内径：41 mm　　泵出口管内径：35.78 mm

两侧压口之间的垂直距离：0.35 m　　　　涡轮流量计流量系数：75.78

水温：25℃

【操作步骤】

1. 调节阀

用鼠标左键点击阀门，即可调出此阀门的调节窗口。方框中显示数字为阀门开启度，最小为 0，最大为 100。左键点击增加键一次可增加 5%开度，左键点击减少键一次可减少 5%开度，也可在开度框中直接输入预设的开启度，然后用鼠标右键在此窗口上点击关闭此窗口。

注意：如果用窗口右上的“x”关闭窗口，那么在开度框中直接输入的数值将不被应用，如果输入的开启度小于 0，则按 0 计，大于 100，按 100 计。

2. 灌泵

因为离心泵的安装高度(进口)在液面以上，所以在启动离心泵之前必须进行灌泵。调节灌泵阀的开度为 100。

在压力表上单击鼠标左键，即可放大读数(右键点击复原)。当读数大于 0 时，说明泵壳内已经充满水；但由于泵壳上部还留有一小部分气体，所以需要放气。

调节开度大于 0，即可放出气体，气体排尽后，会有液体涌出。此时关闭排气阀和灌泵阀，灌泵工作完成。

3. 开泵

灌泵工作完成后，点击电源开关的绿色按钮接通电源，就可以启动离心泵，并开始工作。

注意：在启动离心泵时，主调节阀应关闭，如果主调节阀全开，会导致泵启动时功率过大，从而引发烧泵事故。

4. 建立流动

启动离心泵后，调节流量调节阀的开度为 100。

5. 读取数据

等涡轮流量计的显示数据稳定后，即可读数。鼠标左键点击压力表、真空表和功率表，即可放大，以读取数据，如图 7－5 所示。

注意：务必要等到流量稳定时再读数，否则会引起数据不准。

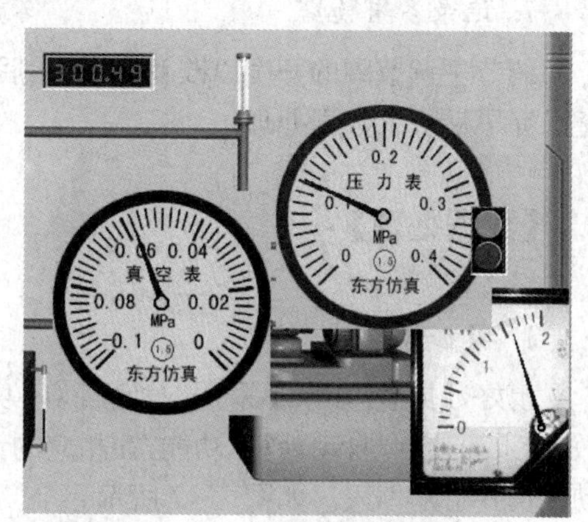

图 7－5　仿真实验压力读取示意图

6. 记录数据

鼠标左键点击实验主画面左边菜单中的“数据处理”，可调出数据处理窗口，在原始数据页按项目分别填入记录表；也可点击“打印数据记录表”键，可自动记录数据，两者形式基本相同。

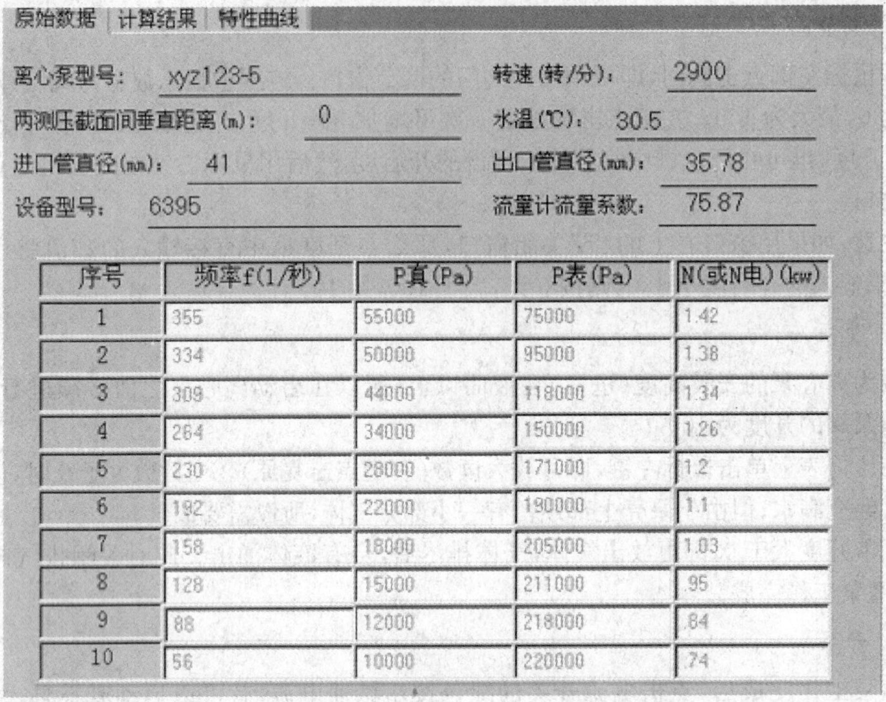

原始数据 | 计算结果 | 特性曲线

离心泵型号：xyz123-5　　转速(转/分)：2900

两测压截面间垂直距离(m)：0　　水温(℃)：30.5

进口管直径(mm)：41　　出口管直径(mm)：35.78

设备型号：6395　　流量计流量系数：75.87

序号	频率f(1/秒)	P真(Pa)	P表(Pa)	N(或N电)(kw)
1	355	55000	75000	1.42
2	334	50000	95000	1.38
3	309	44000	118000	1.34
4	264	34000	150000	1.26
5	230	28000	171000	1.2
6	192	22000	190000	1.1
7	158	18000	205000	1.03
8	128	15000	211000	.95
9	88	12000	218000	.84
10	56	10000	220000	.74

图 7-6　离心泵性能曲线仿真实验数据记录示意图

注意：

(1) 如数据单位不一致，请注意单位换算；

(2) 如果使用自动记录功能，则点击“自动记录”键时，数据会被自动写入而不需手动填写。

7. 记录多组数据

调节主调节阀的开度以改变流量，然后重复上述第 4～5 步，从大到小测 15 组数据。记录完毕后进入数据处理。

【数据处理】

1. 数据计算

填好数据后，如果不采用“自动计算”功能，则可以在原始数据页找到计算所需的参数，如果要使用“自动计算”功能，在相应的计算结果页点击“自动计算”即可，数据即可自动计算并自动填入。如图 7-7 所示。

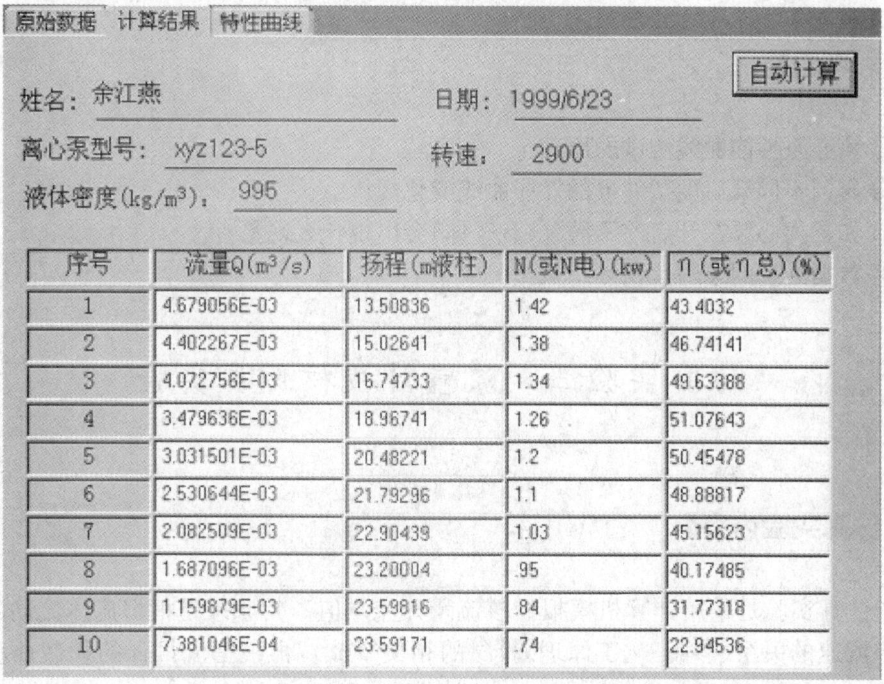

原始数据 计算结果 特性曲线

自动计算

姓名：余江燕 日期：1999/6/23

离心泵型号：xyz123-5 转速：2900

液体密度(kg/m³)：995

序号	流量Q(m³/s)	扬程(m液柱)	N(或N电)(kw)	η(或η总)(%)
1	4.679056E-03	13.50836	1.42	43.4032
2	4.402267E-03	15.02641	1.38	46.74141
3	4.072756E-03	16.74733	1.34	49.63388
4	3.479636E-03	18.96741	1.26	51.07643
5	3.031501E-03	20.48221	1.2	50.45478
6	2.530644E-03	21.79296	1.1	48.88817
7	2.082509E-03	22.90439	1.03	45.15623
8	1.687096E-03	23.20004	.95	40.17485
9	1.159879E-03	23.59816	.84	31.77318
10	7.381046E-04	23.59171	.74	22.94536

图 7-7 离心泵性能曲线仿真实验数据计算示意图

2. 曲线绘制

计算完成后，如图 7-8 所示在曲线页点击“开始绘制”即可根据数据自动绘制出曲线。

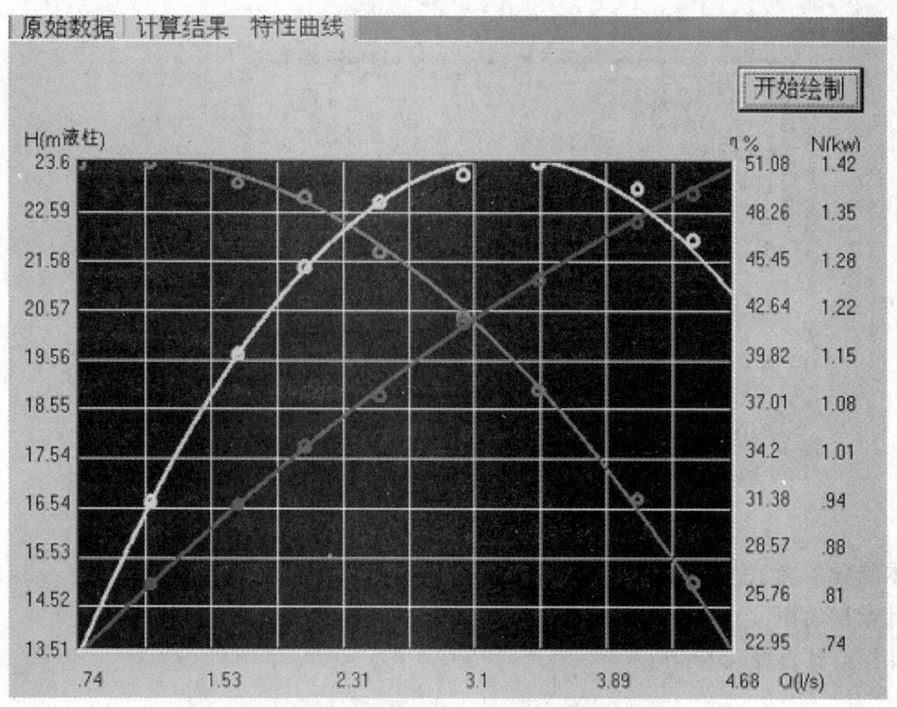

图 7-8 离心泵性能曲线仿真实验数据处理示意图

【思考题】

① 离心泵性能曲线测试的原理?
② 阀门不同开启度条件下的性能曲线变化规律?
③ 如果离心泵在开启前不灌泵(有气体)会出现什么现象?
④ 数据处理的原理及预测结果?

仿真实验三　流量计校核仿真实验

【仿真实验内容】

本仿真实验是采用计算机模拟校核流量计流量值。其原理是根据流体流动的局部阻力与流速的关系(参阅《化工原理》教材的相关章节),再根据流量计的横截面积计算流量。

【实验流程图及相关参数】

流量计校核仿真实验装置如图 7-9 所示。

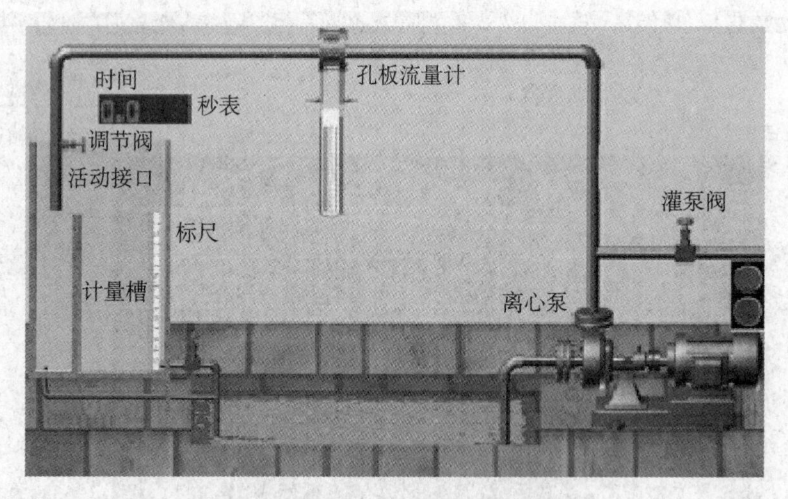

图 7-9　流量计校核仿真实验流程图

本装置中测试过程的主要参数:
计量桶面积:1 m^2;管道内径:30 mm;
孔板开孔直径:20 mm。

【操作步骤】

1. 灌泵

因为离心泵的安装高度在液面以上，所以在启动离心泵之前必须进行灌泵。因为本实验的重点在流量计，而不是离心泵，所以对灌泵进行了简化，如图 7-9 所示，只要调节灌泵阀开度大于 0，等待 10 s 以上，然后关闭灌泵阀，系统就会认为已经完成了灌泵操作。

2. 开泵

灌泵工作完成后，点击电源开关的绿色按钮接通电源，就可以启动离心泵，并开始工作。

3. 建立流动

启动离心泵后，调解主调节阀的开度为 100，即可建立流动。

4. 读取数据

用鼠标左键点击标尺，即可调出标尺的读数画面，先记录下液面的初始高度。鼠标右键点击可关闭标尺画面。

然后用鼠标左键点击活动接头，即可把水流引向计量槽，可以看到液面开始上升，同时计时器会自动开始计时。

当液面上升到一定高度时，鼠标左键点击活动接头，将其转到泄液部分，同时计时器也会自动停止。此时记录下液面高度和计时器读数。

用鼠标左键点击压差计，用鼠标拖动滚动条，读取压差。

5. 记录数据

鼠标左键点击实验主画面左边菜单中的“数据处理”，可调出数据处理窗口，点击原始数据页，按标准数据库操作方法填入所读取的数据。也可在用点击“打印数据记录表”键所打印的数据记录表记录数据。

注意：如果使用自动记录功能，则当您点击“自动记录”键时，数据会被自动写入而不需手动填写。

调节主调节阀的开度以改变流量，然后重复上述第(4)～(5)步。为了实验精度和回归曲线的需要，至少要测 15 组数据。记录完毕后进入数据处理。

【数据处理】

1. 原始数据

如果使用“自动记录”功能或已经将数据记录在数据库内，则可以跳过此步，如果是将数据记录在“用点击‘打印数据记录表’键所打印的数据记录表”内，请参阅数据记录将所有数据添入数据库。

2. 数据计算

如果要使用“自动计算”功能，在相应的计算结果页点击“自动计算”即可。

数据即可自动计算并自动填入数据库。

3. 曲线绘制

计算完成后，在如图 7－10 所示在曲线页点击“开始绘制”即可根据数据自动绘制出曲线。

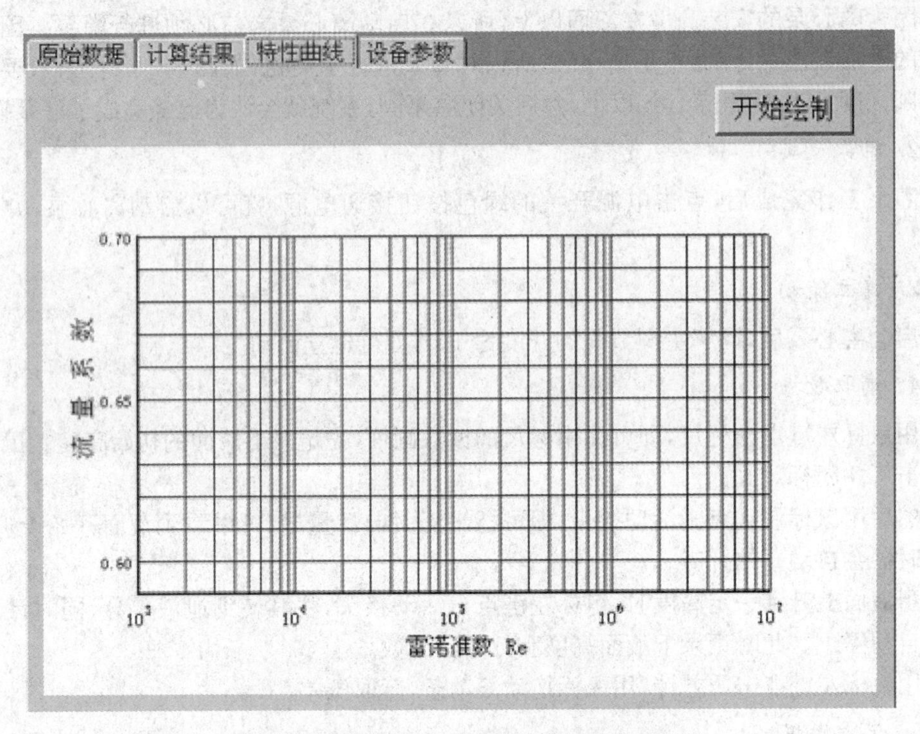

图 7－10 流量计校核仿真实验数据处理示意图

【注意事项】

为更好表现孔流系数 C_0 在 Re 比较小时随 Re 的变化而变化，实验中的流量定得很低，以获得更小的 Re。一般流量计校验实验是在孔流系数几乎不变的范围内测定多次取平均值，以得到 C_0，而不是测试 C_0 随 Re 的变化关系。因此，如果用手动记录数据和计算，就会出现很大的误差，用自动计算可以得到比较好的结果。

【思考题】

① 流量计测试流体流量的原理？

② 对于孔板流量计来讲，孔板的直径大小与流量的关系如何？

③ 你能给出流体流量与孔板直径的定量关系吗？

④ 数据处理的原理及预测结果？

仿真实验四　传热膜系数测定仿真实验

【仿真实验内容】

本仿真实验是采用计算机模拟改变实验中空气的流量(或流速)以改变 Re 准数的值。根据定性温度(冷却水进、出口温度的算术平均值)计算对应的 Pr 准数值。同时,由牛顿冷却定律,求出不同流速下的传热膜系数 α 值,进而算得 Nu 准数值。

【实验流程图及相关参数】

传热膜系数仿真实验装置如图 7-11 所示。

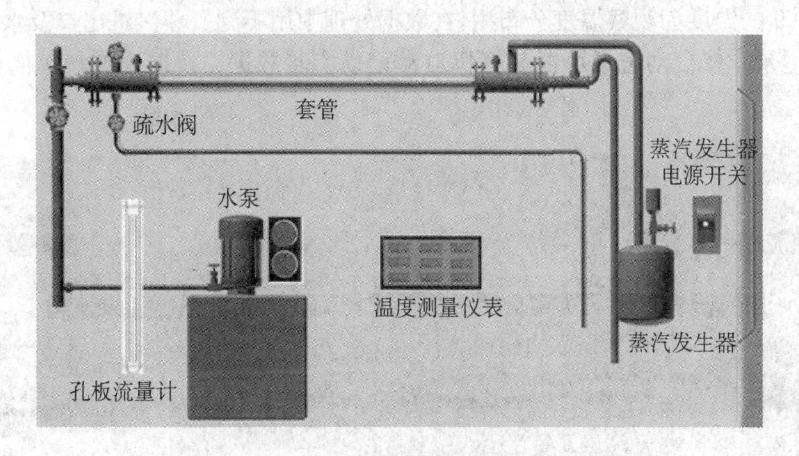

图 7-11　传热膜系数测定仿真实验流程图

本装置中测试过程的主要参数:
孔板流量计:流量计算关联式:$V=4.49\times R^{0.5}$
式中:R 为孔板压差(mmH_2O),V 为水流量(m^3/h)。
换热套管:套管外管为玻璃管,内管为黄铜管。
套管有效长度:1.25 m,内管内径:0.022 m
孔板系数:$C_0=0.73$;孔板直径 $d_0=0.005$ m

【操作步骤】

1. 启动水泵

点击泵开关的绿色按钮,打开水泵给换热器的管程提供水源。

2. 打开进水阀

开泵后，调节进水阀至微开。这时换热器的管程中就有水流动。

3. 打开蒸汽发生器开关

蒸汽发生器的开关在蒸汽发生器的右侧。单击开关的上半部使带标志的一端处于按下状态，这时蒸汽发生器就开始向换热器的壳程中供汽。

4. 打开放汽阀

打开放汽阀使换热器壳程中的蒸汽流动通畅。

5. 读取流量

在图 7-11 中点击孔板流量计的压差计，出现读数画面，读取压差计读数。经过换算可得冷却水的流量。

6. 读取温度(图 7-12)

在换热管或者测温仪上点击会出现温度读数画面。读取各处温度显示数值。其中温度节点 1～9 的温度为观察温度分布用，在数据处理中用不到。蒸汽进出口及水进出口的温度需要记录。按自动记录可由计算机自动记录实验数据。按退出按钮关闭温度读取画面。

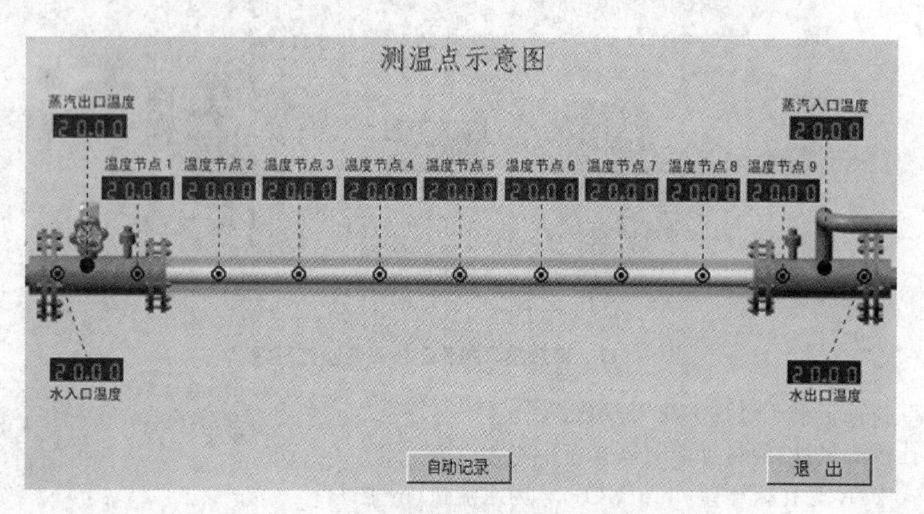

图 7-12 传热仿真实验测温点示意图

7. 重复读数

改变进水阀开度，重复以上(2)～(5)步骤，读取 12～15 组数据。

【数据处理】

1. 原始数据

原始数据项如图 7-13 所示，通过该项能在数据处理中输入、编辑原始数据。

2. 计算结果

计算结果能把手工计算出的数据输入，进行处理；也可以按自动计算由原始数据自动计算出结果。

3. 关联式

关联式项如图 7－13 所示，可计算结果自动关联出各项要关联的数据（图 7－13 中的 0.000 及 0.00 处）。点击自动关联处可自动计算关联出数据。

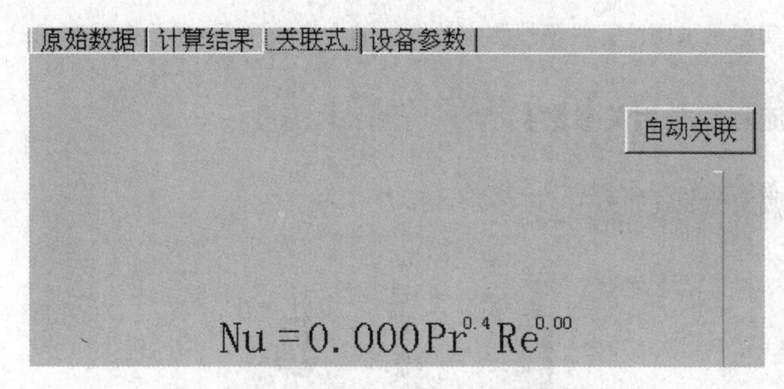

图 7－13　传热仿真实验数据关联流程图

【注意事项】

(1) 学校的设备大都是需要用电位差计测量电流然后计算温度的，此套设备比较先进，采用了数字显示仪表直接显示温度。

(2) 关于排放不凝气：如果不打开放气阀，理论上套管内的压力应该不断增大，最后爆炸，实际上由于套管的密封程度不是很好，会漏气，所以压力不会升高很多，基本可以忽略。另外不凝气的影响在实际的实验中并不是很大，在仿真实验中为说明做了夸大。

(3) 蒸汽发生器：关于蒸汽发生器的控制和安全问题做了简化。

(4) 传热实验有两个流程，另一个管内的介质为空气，原理一样，只是流程稍有不同。

【思考题】

① 传热膜系数的测试原理？

② 不同空气流速（流量）条件下的传热膜系数变化规律？

③ 你认为影响传热膜系数测试的主要因素有哪些？

④ 数据处理的原理及预测结果？

仿真实验五　精馏仿真实验

【仿真实验内容】

本仿真实验是采用计算机模拟测定精馏塔的全塔效率 Et 和单板效率 Em。

【实验流程图及相关参数】

精馏仿真实验装置如图 7－14 所示。

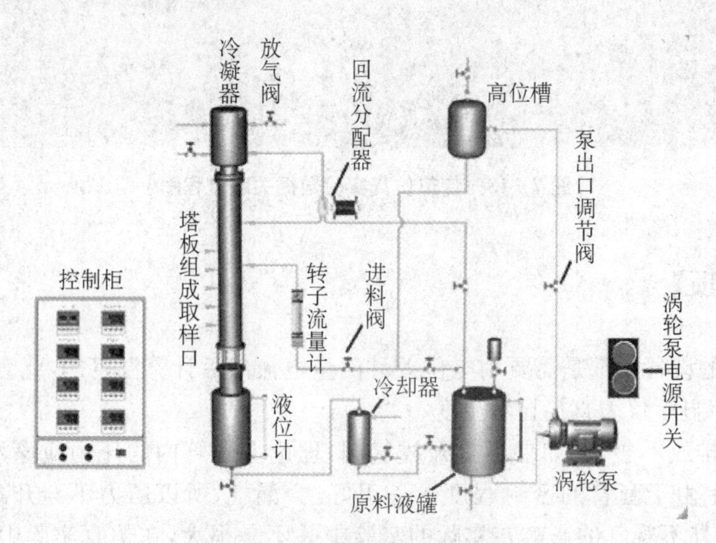

图 7－14　精馏仿真实验流程图

本装置中测试过程的主要参数：

(1) 精馏塔——精馏塔采用筛板结构，塔身用直径 $\phi57\times3.5$ mm 的不锈钢管制成，共 15 块塔板，塔板用板厚 1 mm 的不锈钢板；板间距为 10 mm；板上开孔率为 4%，孔径是 2 mm，孔数为 21 个，孔按三角形排列；降液管为直径 $\phi14\times2$ mm 的不锈钢管，堰高是 10 mm；在塔顶和塔釜中装有铜电阻感温计，并由仪表柜的温度指示仪加以显示。它有两个进料口，分别在第 11、13 块塔板，一般采用第 11 块塔板进料。

(2) 蒸馏釜为直径 $\phi250\times340\times3$ mm 不锈钢材质立式结构，用二支 1 kW 的 SRY－2－1 型电热棒进行加热，其中一支为恒温加热，另一支则用自耦变压器调节控制，并由仪表柜上的电压、电流表加以显示。釜上有压力计，以测量釜内的压力。

(3) 冷凝器——采用不锈钢蛇管式冷凝器，蛇管为直径 $\phi14\times2$，长是 2 500，用自次调节泵出口调节阀和进料阀的开度为 100，开始全回流进料。当塔釜液位到达塔釜高度的 1/2 时，关闭进料阀，灌塔完成。用水作冷却剂，冷凝器上方装有排气悬塞。

(4) 原料——酒精摩尔比为 0.2，温度 30℃。

【操作步骤】

1. 全回流进料

(1) 首先点击涡轮泵右上方电源开关的绿色按钮接通电源，涡轮泵开始工作；

(2) 开泵后，依次开启阀门 1、2、3，开度为 100，开始全回流进料。

注意：由于物料进塔时有延迟效应，当液位接近满负荷的 1/2 左右就应停止进料，液面还会稍有上升，最后达到稳定状态。

2. 加热

全回流进料完成后，开始加热，鼠标左键点击塔左侧的控制柜，出现控制柜上部画面，如图 7－15 所示。

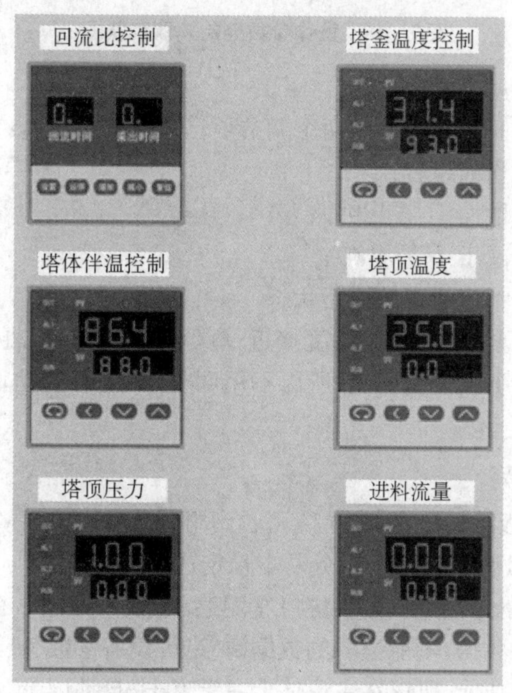

图 7－15　操作参数控制读取示意图

用鼠标左键点击“控制柜下部”按钮，切换到控制柜下部画面，鼠标左键点击“加热电源开关”接通电源，然后点击“关闭”按钮关闭画面或者点击“控制柜上部”切换到控制柜上部画面。

注意：塔釜温度和塔身伴温是采用自动控制的，所以不用手工调节电压，到了一定的温度自动控温装置就会起作用。另外如果塔顶的温度或者压力过高，自动报警装置会报警并切断电源。

3. 全回流

(1) 加热开始后，回流开始前，应注意塔釜温度和塔顶压力的变化；

(2) 当塔顶压力超过一个大气压一定量时(例如 1.05 atm 以上)，应打开排气阀进行排气降压；

(3) 此时应密切注视塔顶压力，当降到一个大气压时，应马上关闭。

注意：回流开始以后就不能再打开衡压排气阀，否则会影响结果。

点击“回流比控制”仪表盘可放大操作，如图 7－16 所示：

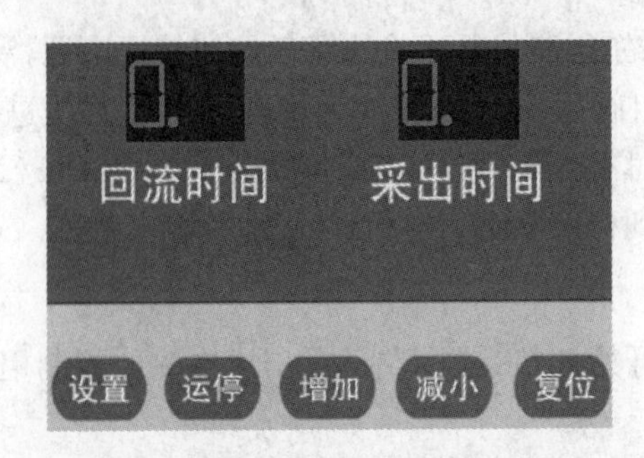

图 7－16 操作参数控制读取示意图

下面介绍功能键的用途：

设置——在回流时间和采出时间两个调节项目之间来回切换；

运停——开始运行当前设置；

增加——所选项目增加 1(最大 99)；

减小——所选项目减小 1(最小 0)；

复位——两个项目都变成 0 的原始状态；

塔顶的冷却水默认全开，当塔釜温度接近 90℃时，开始有冷凝液。因为采用的回流分配器默认状态(0∶0)下就是全回流，所以不用调节，如果有改动，请保证“采出时间”为 0 即可。

4. 读取全回流数据

鼠标左键点击“塔板组成取样口”位置可看到组分分析窗口(真实实验用仪器检测，此处简化)。开始全回流 10 min 以上，组分基本稳定达到正常值。

当组分稳定以后，鼠标左键点击主窗口左侧菜单“数据处理”，在“原始数据”页，按标准数据库操作方法填入数据，不能读取的数据请参见“设备参数”页。

如果使用自动记录功能，可以在主窗体上左键点击“自动记录”键。记录完成后，请先开始数据处理。

5. 开始部分回流

全回流完成以后，可以调节回流比开始部分回流。调节所需回流比，然后点击“运停”按钮即可应用。(按钮的使用方法参见“全回流”页)。

打开进料阀和塔底的排液阀以及产品采出阀，注意维持塔釜液位。

建议条件：

进料：0.1 mL/s；　　　　回流比：4∶1；

塔釜采出阀开度：50％

6. 读取部分回流数据

读取部分回流数据与读取全回流数据基本相同，请参见读取全回流数据。

【数据处理】

1. 全回流数据计算

如果使用“自动记录”功能或已经将数据记录在数据库内，则可以跳过此步，如果是将数据记录在“用点击‘打印数据记录表’键所打印的数据记录表”内，请参阅数据记录将所有数据添入数据库。

然后在“特性曲线”页点击“开始绘制”按钮即可画出理论板(图 7－17)。

原始数据
理论板数
实验结果
设备参数
开始绘制
.9
.8
.7
.6
.5
.4
.3
.2
.1
.1 .2 .3 .4 .5 .6 .7 .8 .9
乙醇摩尔百分比（乙醇，丙醇溶液）

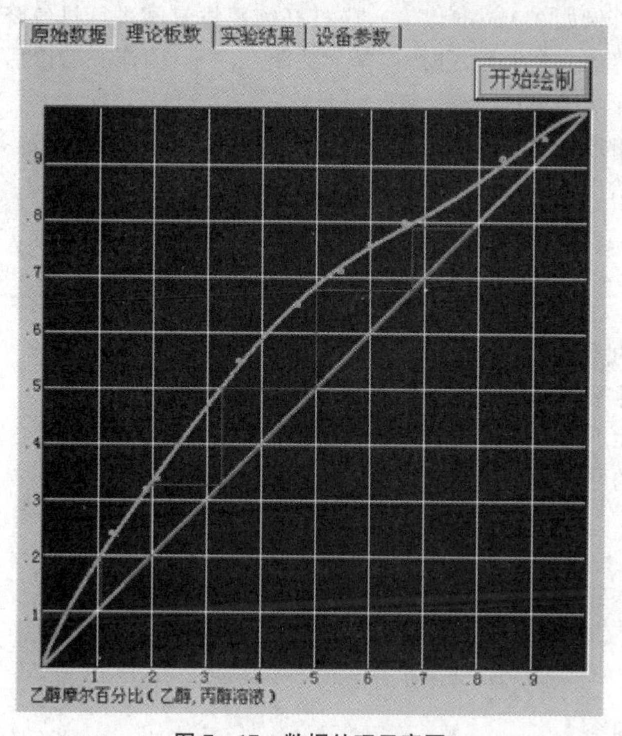

图 7－17　数据处理示意图

此时再到“实验结果”页点击“自动计算”按钮即可自动计算并填入结果(图 7－18)。

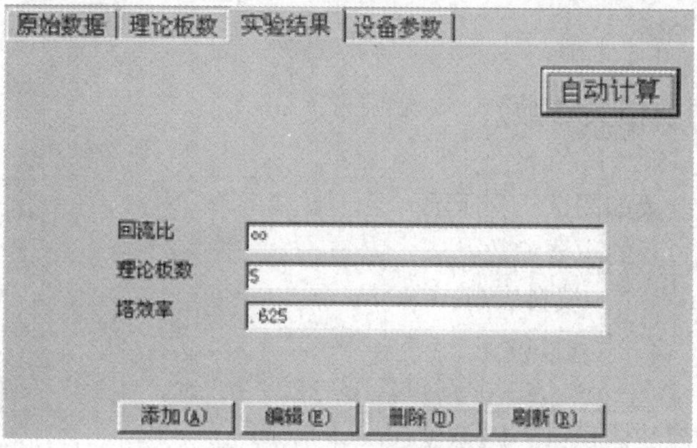

原始数据
理论板数
实验结果
设备参数
自动计算
回流比
∞
理论板数
5
塔效率
.625
添加(A)
编辑(E)
删除(D)
刷新(R)

图 7－18　数据处理示意图

2. 部分回流数据计算

部分回流数据处理与全回流基本相同，请参见全回流数据处理。

【注意事项】

(1) 简化掉了配液过程，原料液直接装在原料罐内；

(2) 电源开关由两个简化为一个；

(3) 加热开始后，回流开始前，应注意塔釜温度和塔顶压力的变化。当塔顶压力超过一个大气压很多时(例如 0.1 atm 以上)，应打开衡压排气阀进行排气降压。此时应密切注视塔顶压力，当降到一个大气压时，应马上关闭。注意：回流开始以后就不能再打开衡压排气阀，否则会影响结果；

(4) 对于产品的检验，有些学校使用比重计，有些学校使用折光仪，各不相同，仿真实验为了简化，直接给出了摩尔分率。

【思考题】

① 精馏操作的原理？
② 全回流的意义及作用？塔板数对全回流有影响吗？
③ 不同回流比下馏出液的成分组成有何变化规律？
④ 数据处理的原理及预测结果？

仿真实验六　吸收仿真实验

【仿真实验内容】

本仿真实验是采用计算机模拟测定吸收塔的干(湿)塔压降、传质系数等相关操作参数。

【实验流程图及相关参数】

吸收仿真实验装置如图 7-19 所示。
本装置中测试过程的主要参数：
塔径：ϕ0.10 m；　　　填料层高：0.75 m
填料参数：12×12×1.3[mm]；
瓷拉西环，a_1—403[m^{-1}]，ε—0.764，a_1/ε^3—903[m^{-1}]
尾气分析所用硫酸体积：1 mL，浓度：0.009 68 M
氨液相浓度小于 5%时气液两相的平衡关系：

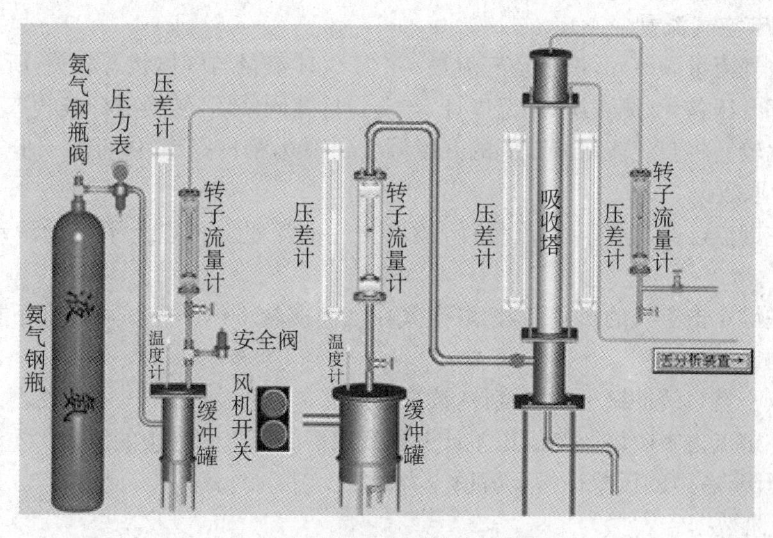

图 7-19　吸收仿真实验流程图

温度(℃)：	0	10	20	25	30	40
亨利系数 E(atm)：	0.293	0.502	0.778	0.947	1.250	1.938

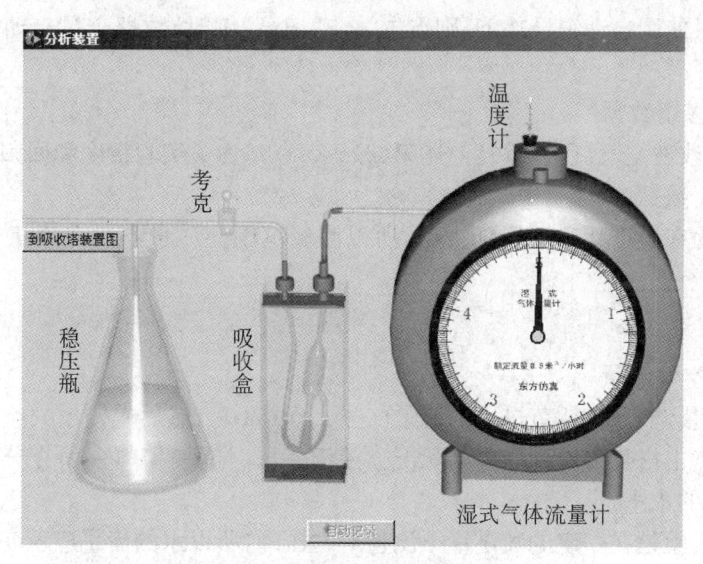

图 7-20　吸收仿真实验数据控制记录示意图

【操作步骤】

1. 测量干塔压降

(1) 启动风机

如图 7-20 所示，空气由风机(图中未画)供给，然后进入缓冲罐，然后经由空气流量调节阀、空气转子流量计，并在管路中与氨气混合后进入塔底。

点击电源开关的绿色按钮接通电源，就可以启动风机，并开始工作。

(2) 调节空气流量

打开空气流量调节阀,调节空气流量。由于气体流量与气体状态有关,所以每个气体流量计前都有压差计(测表压)和温度计,与流量计共同使用,转换成标准状态下的流量进行计算和比较。将空气流量调节阀的开度调节到100,稍许等待,进行下一步。

(3) 读取数据

鼠标左键点击空气的转子流量计,读取空气的流量。可以上下拖动滚动条以读取数据。

鼠标左键点击空气的压差计,读取空气在当前流量下的压差。可以上下拖动滚动条以读取数据。

鼠标点击空气缓冲罐上的温度计,读取温度。

鼠标左键点击吸收塔两侧的压差计分别读取塔的压降和塔顶的压力。左边的压差计指示塔的压降,右边的压差计指示塔顶压力。

(4) 记录数据

鼠标左键点击实验主画面左边菜单中的"数据处理",可调出数据处理窗口,点击干塔数据页,按标准数据库操作方法在各项目栏中填入所读取的数据,也可在用点击"打印数据记录表"键所打印的数据记录表记录数据,格式基本一致。

注意:如果使用自动记录功能,则点击"自动记录"键时,数据会被自动写入而不需手动填写。

(5) 记录多组数据

调节阀以改变空气流量,重复上述第(2)~(4)步,为了实验精度和回归曲线的需要至少应测量15组数据。

注意:因为在干塔状态下压降很低,所以测量范围应尽量不要在流量较低的范围内进行。

2. 测量湿塔压降

(1) 调节空气流量

打开水流量调节阀,调节进水的流量(建议80 L/h)。然后慢慢增大空气流量直到液泛,鼠标左键点击塔身可看到塔内的状况。液泛一段时间使填料表面充分润湿。然后减小气量到较少的水平。

注意:本实验是在一定的喷淋量下测量塔的压降,所以水的流量应不变。在以后实验过程中不要改变水流量调节阀的开度。

(2) 读取数据

测量湿塔的压降与测量干塔的压降所读取的数据基本一致,参见"测量干塔压降"的"读取数据",但只多了一项水的流量,点击水的转子流量计即可读取。

(3) 记录数据

鼠标左键点击实验主画面左边菜单中的"数据处理",可调出数据处理窗口,点击湿塔数据页,按标准数据库操作方法在各项目栏中填入所读取的数据,也可在用点击"打印数据记录表"键所打印的数据记录表记录数据,格式基本一致。

注意:如果使用自动记录功能,则点击"自动记录"键时,数据会被自动写入而不需手动填写。

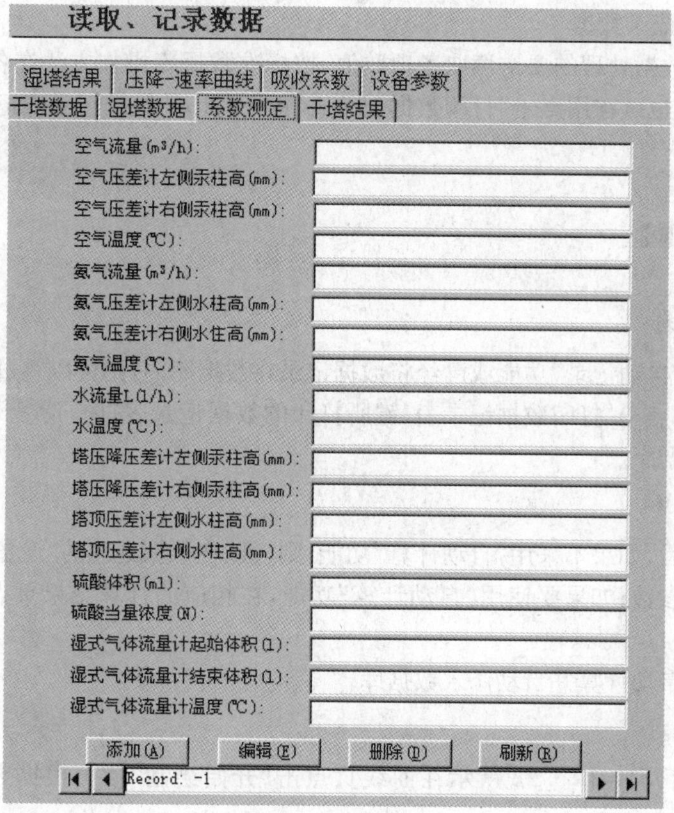

图 7-21　吸收仿真实验数据记录处理示意图

(4) 记录多组数据

逐渐加大空气流量调节阀的开度，增加空气流量，重复第(1)～(3)步，同时注意塔内的气液接触状况，并注意填料层的压降变化幅度。液泛后填料层的压降在气速增加很小的情况下明显上升，此时再取 1～2 个点就可以了，不要使气速过分超过泛点。

3. 测量传质系数

(1) 操作条件

测量湿塔压降完毕后，应降低气速，建议的实验条件：

水流量：80 L/h　　空气流量：20 m³/h　　氨气流量：0.5 m³/h

注意：以上为建议实验条件，不一定非要采用，但总体上要注意气量和水量不要太大，氨气浓度不要过高，否则将引起数据严重偏离。

(2) 通入氨气

将鼠标移动到钢瓶阀上，鼠标会变成扳手形状，此时左键点击打开，右键点击关闭。氨气也是气体，流量计前也有压差计和温度计，调节氨气流量(实验建议流量 0.5 m³/h)。

(3) 尾气分析

通入氨气后，鼠标左键点击实验主窗口右边的命令键“去分析装置”，进入分析装置画面：

打开考克，让尾气流过吸收盒，同时湿式气体流量计开始计量体积。当吸收盒内的指示剂由红色变成黄色时，立即关闭考克，记下湿式气体流量计转过的体积和气体的温度。

(4) 读取、记录数据

然后按照数据处理的要求读取各项数值，按标准数据库操作方法在各项目栏中填入所读取的数据，也可在用点击“打印数据记录表”键所打印的数据记录表记录数据，格基本一致。

【数据处理】

1. 原始数据

如果使用“自动记录”功能或已经将数据记录在数据库内，则可以跳过此步，如果是将数据记录在“用点击‘打印数据记录表’键所打印的数据记录表”内，请参阅数据记录将所有数据添入数据库。

2. 数据计算

填好数据后，如果不采用“自动计算”功能，则可以在数据处理的“设备参数”页记录计算所需的设备参数；如果要使用“自动计算”功能，在相应的计算结果页点击“自动计算”即可。

数据即可自动计算并自动添入数据库。

3. 曲线绘制

计算完成后，如图 7－22 所示在曲线页点击“开始绘制”即可根据数据自动绘制出曲线。

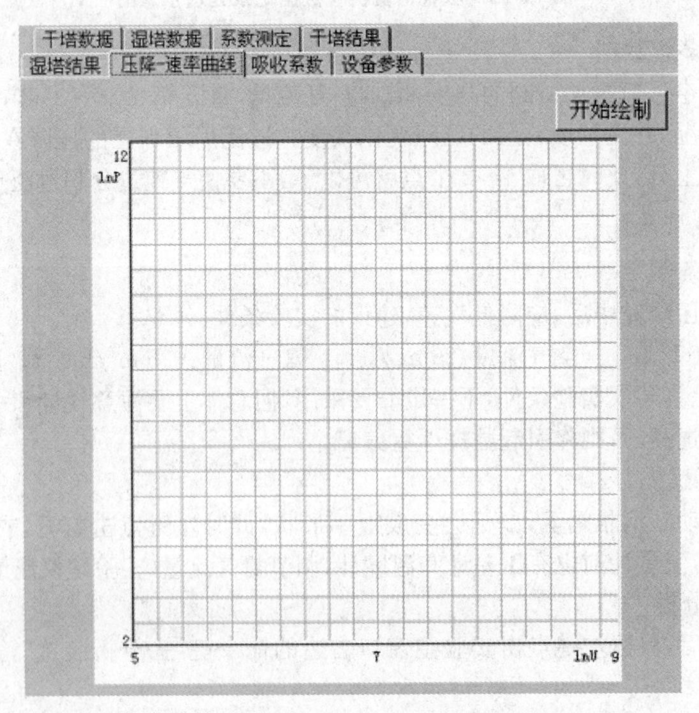

图 7－22　吸收仿真实验收据处理示意图

【注意事项】

建议的实验条件：
水流量：80 L/h；
空气流量：20 m^3/h；
氨气流量：0.5 m^3/h
以上为建议实验条件，不一定非要采用，但总体上要注意气量和水量不要太大，氨气浓度不要过高，否则将引起数据严重偏离。

【思考题】

① 填料塔传质系数的测试原理？
② 不同温度条件下的传质系数变化规律？
③ 影响填料吸收塔压降的主要因素有哪些？怎样避免液泛现象？
④ 数据处理的原理及预测结果？

仿真实验七　干燥仿真实验

【仿真实验内容】

本仿真实验的目的是采用计算机模拟测定含湿物体(料)除湿的干燥特性曲线。

【实验流程图及相关参数】

干燥仿真实验装置如图 7－23 所示。

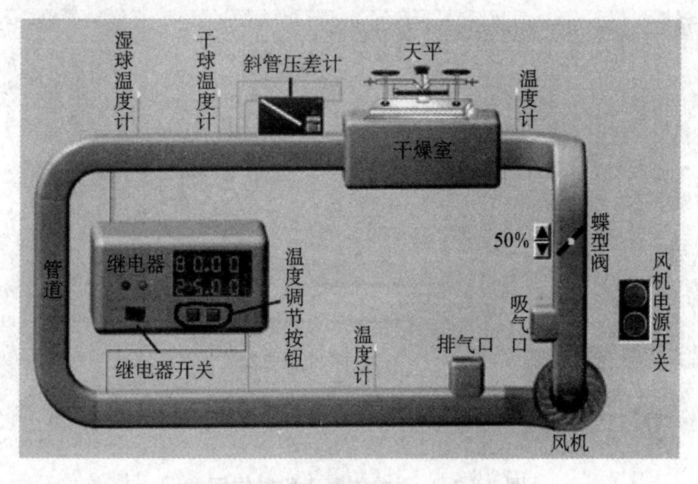

图 7－23　干燥仿真实验流程图

因为本实验需要多人操作，因此把操作、数据的记录和计算做成了自动方式，所以不需要设备参数进行计算。

【操作步骤】

1. 启动风机

鼠标左键点击风机电源开关的绿色键，接通电源，启动风机。同时，可以看到风机叶片转动。鼠标左键点击斜管压差计可以看到放大的画面，然后可以调节蝶型阀的开度来调节风量。如图 7－23 所示，鼠标右键在窗口上点击可关闭窗口。启动风机后进入下一步开始加热。

注意：禁止在启动风机以前加热，这样会烧坏加热器。

2. 开始加热

开启风机后，鼠标左键点击继电器的开关，可以看到开始加热，温度升高。可以用温度调节按钮调节加热温度，左边的键增加，右边的减小。达到要求的温度后，继电器会自动保持给定的温度，然后进行下一步。

3. 开始实验

实验如图 7－23 所示。温度达到要求后，在干燥室内挂一张充分润湿的纸板，上面与天平的一个托盘下部相连，另一个托盘放砝码。先使天平平衡，然后减去一定质量的砝码，平衡被破坏，但随着纸片被热风干燥，质量减少，当干燥的水分质量与减去的砝码质量相同时，天平会恢复平衡，然后向另一端倾斜，这时记下所用的时间，就可以计算出干燥速率。不断减去砝码、记录时间就可以计算并描绘出干燥速率曲线。

真实的实验操作，应由三个人分工协作，一个人减砝码，一个人计时，一个人记录数据。为了在计算机上操作简便，做了简化，只需一个人点击一个按钮就可以完成三个人的工作，因此本实验的自动记录功能也是打开的。

在实验主窗口干燥室的天平上点击鼠标左键，即可调出天平画面，如图 7－24 所示。

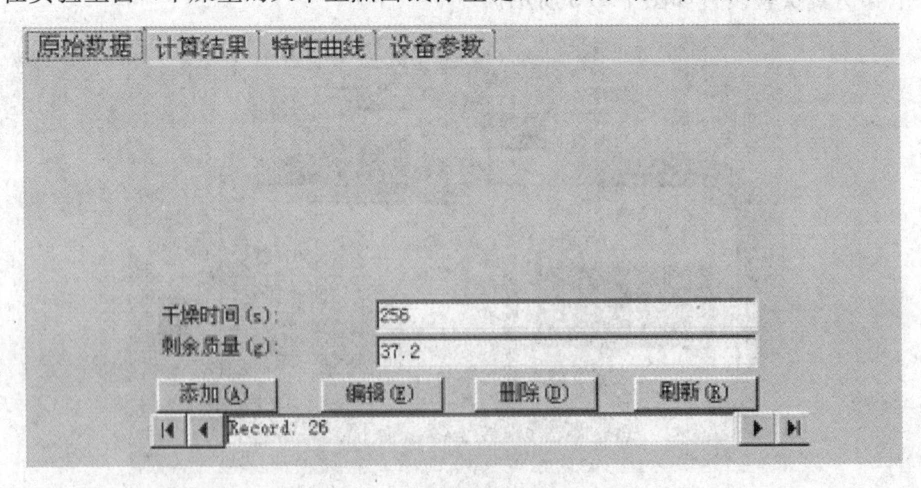

图 7－24　干燥仿真实验数据示意图

第一次点击“记录”键，纸片会自动挂上并减去一定质量的砝码，同时开始计时。这时应密切注视天平，当天平恢复平衡时，再点“记录”键，即可完成数据的记录和计算，并填入表格，同时减砝码，重新计时。

当单位计时超过 360 s 时，可结束实验，进入数据处理。

【数据处理】

1. 检查数据

鼠标左键点击实验主画面左边菜单中的“数据处理”，可调出数据处理窗口，点击“原始数据”页察看自动记录的原始数据：

2. 特性曲线

在“特性曲线”页点击“开始绘制”，可以画出干燥特性曲线：

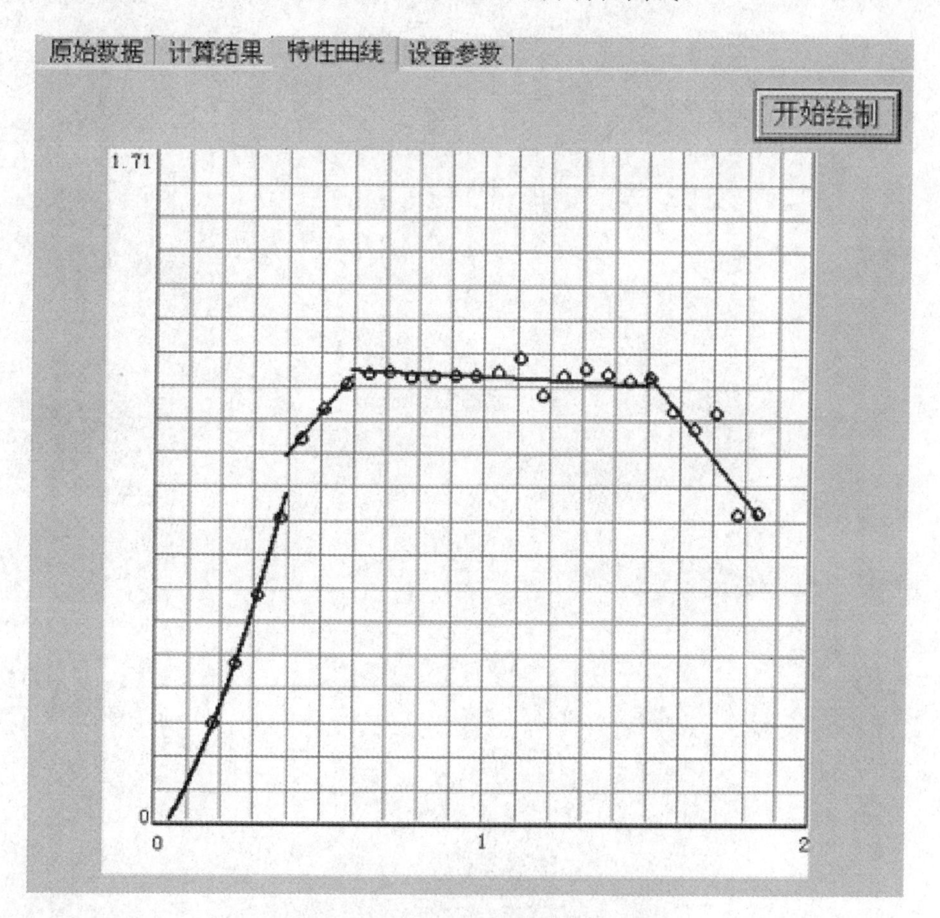

图 7－25　干燥仿真实验数据处理示意图

【注意事项】

如果实验当中有一个数据的记录发生错误，按照实验的规程，所有数据作废，应该重新开始实验。

【思考题】

① 干燥曲线测试的原理？
② 禁止在启动风机之前实施加热操作，为什么？
③ 影响干燥速率的因素有哪些？气体流量与干燥过程(曲线)的关系？
④ 数据处理的原理及预测结果？

附　录

附录 1　法定单位计量及单位换算

1. 基本单位

量的名称	单位名称	符号
长度	米	m
质量	千克	kg
时间	秒	s
电流	安培	A
热力学温度	开尔文	K
物质的量	摩尔	mol
光强度	坎德拉	cd

2. 常用物理量符号及单位

物理量	符号(名称)	单位
质量	M	kg
力(重量)	N(牛顿)	$kg \cdot m/s^2$
压强(压力)	Pa(帕斯卡)	$kg/(m \cdot s^2)$
密度	ρ	kg/m^3
粘度	μ	$kg/(m \cdot s)$
功、能、热	J(焦耳)	$kg \cdot m^2/s^2$
功率	W(瓦特)	$kg \cdot m^2/s^3$

3. 基本常数与单位

名称	符号	数值
重力加速度(标)	g	9.806 65 m/s^2
波尔兹曼常数	N	1.380 44×10^{-25} J/K
气体常数	R	8.314 kJ/(kmol·K)
气体标准kmol比容	V_0	22.413 6 m^3/kmol
阿伏加德罗常数	N	6.022 96×10^{23} mol^{-1}
斯蒂芬-波尔兹曼常数	δ	5.669×10^{-8} W/(m^2·K^4)
光速(真空中)	c	2.997 930×10^8 m/s

4. 常用压力单位换算表

压力单位	Pa	kg·cm^{-2}	atm	bar	mmHg
Pa	1	1.019 716×10^{-2}	0.986 923 6×10^{-5}	1×10^{-5}	7.500 6×10^{-3}
Kgf·cm^{-2}	9.800 665×10^{-4}	1	0.967 841	0.980 665	753.559
atm	1.013 25×10^5	1.033 23	1	1.013 25	760.0
bar	1×10^5	1.019 716	6.986 923	1	750.062
mmHg	133.322 4	1.359 51×10^{-3}	1.315 789 5×10^{-3}	1.333 22×10^{-3}	1

附录2　化工原理实验中常用数据表

1. 水的物理性质(摘录)

温度 ℃	蒸汽压 kPa	密度 kg/m^3	焓 J/kg	比热容 kJ/(kg·K)	导热系数 W/(m·k)	粘度 mPa.s	运动粘度 10^{-2} m^2/s	体积膨胀系数 10^{-4}/℃	表面张力 mN/m	普兰特数 Pr
0	0.61	999.9	0	4.212	0.551	1.789	1.789	−0.63	75.6	13.7
10	1.23	999.7	42.04	4.191	0.575	1.305	1.306	+0.70	74.1	9.52
20	2.33	998.2	83.90	4.183	0.599	1.005	1.006	1.82	72.7	7.01
30	4.25	995.7	125.8	4.174	0.618	0.801	0.805	3.21	71.2	5.42
40	7.37	992.2	167.5	4.174	0.634	0.653	0.659	3.87	69.6	4.30
50	12.3	988.1	209.3	4.174	0.648	0.549	0.556	4.49	67.7	3.54
60	19.9	983.2	251.1	4.178	0.659	0.470	0.478	5.11	66.2	2.98
70	31.2	977.8	293.0	4.187	0.668	0.406	0.415	5.70	64.3	2.53
80	47.4	971.8	334.9	4.195	0.675	0.355	0.365	6.32	62.6	2.21

（续表）

温度 ℃	蒸汽压 kPa	密度 kg/m³	焓 J/kg	比热容 kJ/(kg·K)	导热系数 W/(m·k)	粘度 mPa. s	运动粘度 10^{-2} m²/s	体积膨胀系数 10^{-4}/℃	表面张力 mN/m	普兰特数 Pr
90	70.1	965.3	377.0	4.208	0.680	0.315	0.326	6.95	60.7	1.95
100	101.3	958.4	419.1	4.220	0.683	0.283	0.295	7.52	58.8	1.75
110	143.3	951.0	461.3	4.233	0.685	0.259	0.272	8.08	56.9	1.60
120	198.6	943.1	503.7	4.250	0.686	0.237	0.252	8.64	54.8	1.47
130	270.2	934.8	546.4	4.266	0.686	0.218	0.233	9.19	52.8	1.35
140	361.4	926.1	589.1	4.287	0.685	0.201	0.217	9.72	50.7	1.26

2. 干空气的物理性质(p=0.101 MPa)

温度 ℃	密度 kg/m³	比热容 kJ/(kg·K)	导热系数 10^{-2} W/(m·K)	粘度 μPa. s	运动粘度 10^{-6} m²/s	普兰特数 Pr
−10	1.342	1.009	2.36	16.7	12.43	0.714
0	1.293	1.005	2.44	17.2	13.28	0.708
10	1.247	1.005	2.51	17.7	14.16	0.708
20	1.205	1.005	2.59	18.1	15.06	0.686
30	1.165	1.005	2.67	18.6	16.00	0.701
40	1.128	1.005	2.76	19.1	16.96	0.696
50	1.093	1.005	2.83	19.6	17.95	0.697
60	1.060	1.005	2.90	20.1	18.97	0.698

3. 某些气体的重要物理性质(P=0.101 MPa)

名称	分子式	分子量 kg/kmol	密度(标态) kg/m³	比热容 kJ/(kg·K)	粘度 μPa. s	沸点 ℃	汽化潜热 kJ/kg	导热系数(标态) W/(m·K)
空气	—	28.95	1.293	1.005	17.3	−195	197	0.024 4
氧	O_2	32	1.429	0.653	20.3	−132.98	213	0.024 0
氮	N_2	28.02	1.251	0.745	17.0	−195.78	199.2	0.022 8
氢	H_2	2.016	0.089 9	10.03	8.42	−252.75	454.2	0.163
二氧化碳	CO_2	44.01	1.976	0.653	13.7	−78.2	574	0.013 7
二氧化硫	SO_2	64.07	2.927	0.502	11.7	−10.8	394	0.007 7
二氧化氮	NO_2	46.01	—	0.615	—	+21.2	712	0.040 0
硫化氢	H_2S	34.08	1.539	0.804	11.66	−60.2	548	0.013 1

4. 某些液体的重要物理性质(P=0.101 MPa)

名称	分子式	分子量	密度 kg/m³	沸点 ℃	气化潜热 kJ/kg	比热容 kJ/(kg·K)	粘度 mPa.s	导热系数 W/(m·K)	体积膨胀系数 10^{-4}/℃	表面张力 mN/m
水	H_2O	18.02	998	100	2 258	4.183	1.005	0.599	1.82	72.8
盐水(25%NaCl)	—	—	1 186 (25℃)	107	—	3.39	2.3	0.57 (30℃)	(4.4)	
盐水(25%$CaCl_2$)	—	—	1 228	107	—	2.89	2.5	0.57	(3.4)	
硫酸	H_2SO_4	98.08	1 831	340 (分解)	—	1.47 (98%)	23	0.38	5.7	
硝酸	HNO_3	63.02	1 513	86	481.1		1.17 (10℃)			
盐酸(30%)	HCl	36.47	1 149			2.55	2 (31.5%)	0.42		
三氯甲烷	$CHCl_3$	119.4	1 489	61.2	253.7	0.992	0.58	0.138 (30℃)	12.6	28.5 (10℃)
四氯化碳	CCl_4	153.8	1 594	76.8	195	0.850	1.0	0.12		26.8
1,2-二氯乙烷-	$C_2H_4Cl_2$	98.96	1 253	83.6	324	1.260	0.83	0.14 (50℃)		30.8
苯	C_6H_6	78.11	879	80.10	393.9	1.704	0.737	0.148	12.4	28.6
甲苯	C_7H_8	92.13	867	110.63	363	1.70	0.675	0.138	10.9	27.9

备注:密度、比热容、黏度、导热系数、体积膨胀系数、表面张力均指 20℃下的数值(在表中特别标注的除外)。

5. 某些固体材料的重要物理性质

名称	密度 kg/m³	导热系数 W/(m·K)	比热容 kJ/(kg·K)
(1) 金属			
钢	7 850	45.3	0.46
不锈钢	7 900	17	0.50
铸铁	7 220	62.8	0.50
铜	8 800	383.8	0.41
青铜	8 000	64.0	0.38
黄铜	8 600	85.5	0.38
铝	2 670	203.5	0.92
镍	9 000	58.2	0.46
铅	11 400	34.9	0.13

（续表）

名称	密度 kg/m^3	导热系数 W/(m·K)	比热容 kJ/(kg·K)
(2) 塑料			
酚醛	1 250～1 300	0.13～0.26	1.3～1.7
聚氯乙烯	1 380～1 400	0.16	1.8
聚苯乙烯	1 050～1 070	0.08	1.3
低压聚乙烯	940	0.29	2.6
高压聚乙烯	920	0.26	2.2
有机玻璃	1 180～1 190	0.14～0.20	
(3) 建筑、绝热和耐酸材料等			
干沙	1 500～1 700	0.45～0.48	0.8
混凝土	2 000～2 400	1.3～1.55	0.84
软木	100～300	0.041～0.064	0.96
石棉板	770	0.11	0.816
石棉水泥板	1 600～1 900	0.35	
玻璃	2 500	0.74	0.67
耐酸陶瓷制品	2 200～2 300	0.93～1.0	0.75～0.80
耐酸搪瓷	2 300～2 700	0.99～1.04	0.84～1.26
橡胶	1 200	0.16	1.38
冰	900	2.3	2.11

6. 乙醇-水的平衡数据(P=0.101 MPa)

液相中乙醇的摩尔百分数	汽相中乙醇的摩尔百分数	液相中乙醇的摩尔百分数	汽相中乙醇的摩尔百分数
0.0	0.0	45.0	63.5
1.0	11.0	50.0	65.7
2.0	17.0	55.0	67.8
4.0	27.0	60.0	69.8
6.0	34.0	65.0	72.5
8.0	39.2	70.0	75.5
10.0	43.0	75.0	78.5
14.0	48.2	80.0	82.0
18.0	51.3	85.0	85.5
20.0	52.5	89.4	89.4

（续表）

液相中乙醇的摩尔百分数	汽相中乙醇的摩尔百分数	液相中乙醇的摩尔百分数	汽相中乙醇的摩尔百分数
25.0	55.1	90.0	89.8
30.0	57.5	95.0	94.2
35.0	59.5	100.0	100.0
40.0	61.4		

7. 乙醇-水溶液的比热(kcal/(kg·℃))

质量%	温度				
	0	30	50	70	90
3.98	1.03	1.01	1.02	1.02	1.02
8.01	1.05	1.02	1.02	1.02	1.03
16.21	1.05	1.03	1.03	1.03	1.03
24.61	1.00	1.02	1.05	1.07	1.09
33.30	0.94	0.98	1.00	1.04	1.06
42.43	0.87	0.92	0.96	1.01	1.05
52.09	0.80	0.86	0.92	0.98	1.04
62.39	0.75	0.80	0.88	0.94	1.02
73.08	0.67	0.74	0.77	0.87	0.97
85.66	0.61	0.67	0.70	0.80	0.90
100.00	0.54	0.60	0.65	0.71	0.80

也可用以下回归方程式计算：

$$C_p = 1.01 + [3.1949t\log(x) - 5.5099x - 3.0506t] \times 10^{-3} \quad (附 2.7-1)$$

式中，C_p 为比热[kcal/(kg·℃)]；x 为乙醇的质量分数[%]；t 为温度[℃]，$t=\frac{t_s+t_f}{2}$。

8. 乙醇-水溶液的汽化潜热[kcal/kg]

液相中乙醇质量%	沸腾温度℃	汽化潜热 kcal/kg	液相中乙醇质量%	沸腾温度℃	汽化潜热 kcal/kg	液相中乙醇质量%	沸腾温度℃	汽化潜热 kcal/kg
0	100	539.4	29.86	84.6	438.7	60.38	80.9	338.7
0.80	99	534.0	31.62	84.3	432.9	75.91	79.7	287.9
1.60	98.9	531.0	33.39	84.1	427.1	85.76	79.1	255.6
2.40	97.3	528.6	35.18	83.8	421.3	91.08	78.5	238.2
5.62	94.4	518.1	36.00	83.5	415.3	98.00	78.3	229.0

（续表）

液相中乙醇质量%	沸腾温度℃	汽化潜热kcal/kg	液相中乙醇质量%	沸腾温度℃	汽化潜热kcal/kg	液相中乙醇质量%	沸腾温度℃	汽化潜热kcal/kg
11.30	90.7	499.4	38.82	83.3	409.3	98.84	78.25	219.3
19.60	87.2	472.2	40.66	83.0	403.3	100	78.25	209.0
24.99	86.1	416.2	50.21	81.9	372.0			

也可用以下回归方程计算：

$$r = 4.745 \times 10^{-4} x^2 - 3.315x + 5.3797 \times 10^2 \qquad (附2.8-1)$$

式中，r 为汽化潜热[kcal/kg]；x 为乙醇的质量百分数[%]。

9. 乙醇-水溶液比重(20℃)与质量百分数关系

质量%	20℃比重	质量%	20℃比重	质量%	20℃比重	质量%	20℃比重	质量%	20℃比重
0	0.9982	20	0.9686	40	0.9352	60	0.8911	80	0.8434
1	0.9964	21	0.9673	41	0.9331	61	0.8888	81	0.8410
2	0.9945	22	0.9659	42	0.9311	62	0.8865	82	0.8385
3	0.9928	23	0.9645	43	0.9290	63	0.8842	83	0.8360
4	0.9910	24	0.9631	44	0.9269	64	0.8818	84	0.8335
5	0.9894	25	0.9617	45	0.9247	65	0.8795	85	0.8310
6	0.9878	26	0.9602	46	0.9226	66	0.8771	86	0.8284
7	0.9863	27	0.9587	47	0.9204	67	0.8748	87	0.8258
8	0.9848	28	0.9571	48	0.9182	68	0.8724	88	0.8232
9	0.9833	29	0.9555	49	0.9160	69	0.8700	89	0.8206
10	0.9819	30	0.9538	50	0.9138	70	0.8677	90	0.8180
11	0.9805	31	0.9521	51	0.9116	71	0.8653	91	0.8153
12	0.9791	32	0.9504	52	0.9094	72	0.8629	92	0.8126
13	0.9778	33	0.9486	53	0.9071	73	0.8605	93	0.8098
14	0.9764	34	0.9468	54	0.9049	74	0.8581	94	0.8071
15	0.9751	35	0.9449	55	0.9026	75	0.8556	95	0.8043
16	0.9739	36	0.9431	56	0.9003	76	0.8532	96	0.8014
17	0.9726	37	0.9411	57	0.8980	77	0.8508	97	0.7985
18	0.9713	38	0.9392	58	0.8957	78	0.8484	98	0.7955
19	0.9700	39	0.9372	59	0.8934	79	0.8459	99	0.7924
								100	0.7893

10. 乙醇-丙醇平衡数据(摩尔分率)

序号	1	2	3	4	5	6
t(℃)	97.16	93.85	92.66	91.60	88.32	86.25
x	0	0.126	0.188	0.210	0.358	0.461
y	0	0.240	0.318	0.339	0.550	0.650
序号	7	8	9	10	11	
t(℃)	84.98	84.13	83.06	80.59	78.38	
x	0.546	0.600	0.663	0.844	1.0	
y	0.711	0.760	0.799	0.914	1.0	

以上平衡数据摘自:

J. Gembling, U. Onken. Vapor-Liquid Equilibrium Data Collection-Organic Hydroxy Compounds: Alcohol(p. 336)

11. 乙醇、正丙醇汽化热和比热容数据

温度	乙醇		正丙醇	
	汽化热 kJ/kg	比热容 kJ/(kg·K)	汽化热 kJ/kg	比热容 kJ/(kg·K)
0	985.29	2.23	839.88	2.21
10	969.66	2.30	827.62	2.28
20	953.21	2.38	814.80	2.35
30	936.03	2.46	801.42	2.43
40	918.12	2.55	787.42	2.49
50	899.31	2.65	772.86	2.59
60	879.77	2.76	757.60	2.69
70	859.32	2.88	741.78	2.79
80	838.05	3.01	725.34	2.89
90	815.79	3.14	708.20	2.92
100	792.52	3.29	690.30	2.96

也可用以下回归方程计算:

乙醇:

$$r=-0.0042\times t_s^2-1.5074\times t_s+985.14 \quad (附2.11-1)$$

$$C_p=0.00004\times\left(\frac{t_s+t_F}{2}\right)^2+0.0062\times\left(\frac{t_s+t_F}{2}\right)+2.2332 \quad (附2.11-2)$$

正丙醇:

$$r = -0.0031 \times t_s^2 - 1.1843 \times t_s + 839.79 \qquad (附 2.11-3)$$

$$C_p = -8 \times 10^{-7} \times \left(\frac{t_s + t_F}{2}\right)^3 + 0.0001 \times \left(\frac{t_s + t_F}{2}\right)^2 + 0.0037 \times \left(\frac{t_s + t_F}{2}\right) + 2.222 \qquad (附 2.11-4)$$

混合液：

$$q = \frac{r_m + C_{p_m}(t_s - t_F)}{r_m} \qquad (附 2.11-5)$$

$$r_m = x_A r_A + x_B r_B = x_F r_A \times 46 + (1 - x_F) r_B \times 60 \qquad (附 2.11-6)$$

$$C_{p_m} = x_A C_{p_A} + x_B C_{p_B} = x_F C_{p_A} \times 46 + (1 - x_F) C_{p_B} \times 60 \qquad (附 2.11-7)$$

式中，r_m 为进料的平均摩尔汽化热，(kJ/kmol)；c_{pm} 为进料的平均摩尔热容，(kJ/kmol·K)。

12. 乙醇-丙醇折光率与溶液浓度的关系

溶液浓度用阿贝折射仪测定。

$$25℃\ x(w) = 56.63359 - 40.86484 n_D \qquad (附 2.12-1)$$

$$40℃\ x(w) = 59.06124 - 42.77679 n_D \qquad (附 2.12-2)$$

式中，$x(w)$ 为乙醇的质量分率；n_D 为折光率。

13. 铜-康铜热电偶分度表

T(℃)	0	1	2	3	4	5	6	7	8	9
	热电动势 mV									
−30	−1.121	−1.157	−1.192	−1.228	−1.263	−1.299	−1.334	−1.370	−1.405	−1.440
−20	−0.757	−0.794	−0.830	−0.867	−0.903	−0.904	−0.976	−1.013	−1.049	−1.085
−10	−0.383	−0.421	−0.458	−0.495	−0.534	−0.571	−0.602	−0.646	−0.683	−0.720
0−	−0.000	−0.039	−0.077	−0.116	−0.154	−0.193	−0.231	−0.269	−0.307	−0.345
0+	0.000	0.039	0.078	0.117	0.156	0.195	0.234	0.273	0.312	0.351
10	0.391	0.430	0.470	0.510	0.549	0.589	0.629	0.669	0.709	0.749
20	0.789	0.830	0.870	0.911	0.951	0.992	1.032	1.073	1.114	1.155
30	1.196	1.237	1.279	1.320	1.361	1.403	1.444	1.486	1.528	1.569
40	1.611	1.653	1.695	1.738	1.780	1.822	1.865	1.907	1.950	1.992
50	2.035	2.078	2.121	2.164	2.207	2.250	2.294	2.337	2.380	2.424
60	2.467	2.511	2.555	2.599	2.643	2.687	2.731	2.775	2.819	2.864
70	2.908	2.953	2.997	3.042	3.087	3.131	3.176	3.221	3.266	3.312

（续表）

T(℃)	0	1	2	3	4	5	6	7	8	9
	热电动势 mV									
80	3.357	3.402	3.447	3.493	3.538	3.584	3.630	3.676	3.721	3.767
90	3.813	3.859	3.906	3.952	3.998	4.044	4.091	4.137	4.184	4..231
100	4.277	4.324	4.371	4.418	4.465	4.512	4.559	4.607	4.654	4.701
110	4.749	4.796	4.844	4.891	4.939	4.987	5.035	5.083	5.131	5.179
120	5.227	5.275	5.324	5.372	5.420	5.469	5.517	5.566	5.615	5.663
130	5.712	5.761	5.810	5.859	5.908	5.957	6.007	6.056	6.105	6.155
140	6.204	6.254	6.303	6.353	6.403	6.452	6.502	6.552	6.602	6.652
150	6.702	6.753	6.803	6.853	6.903	6.954	7.004	7.055	7.106	7.150
160	7.207	7.258	7.309	7.360	7.411	7.462	7.513	7.564	7.615	7.660
170	7.718	7.769	7.821	7.872	7.924	7.975	8.027	8.079	8.131	8.183
180	8.235	8.287	8.339	8.391	8.443	8.495	8.548	8.600	8.652	8.705
190	8.757	8.810	8.863	8.915	8.968	9.021	9.074	9.127	9.180	9.233
200	9.286	9.339	9.392	9.446	9.499	9.553	9.606	9.659	9.713	9.767
210	9.820	9.874	9.928	9.982	10.036	10.090	10.144	10.198	10.252	10.306
220	10.360	10.414	10.469	10.523	10.578	10.632	10.687	10.741	10.796	10.851
230	10.905	10.960	11.015	11.070	11.128	11.180	11.235	11.290	11.345	11.401
240	11.450	11.511	11.566	11.622	11.677	11.733	11.788	11.844	11.900	11.956

14. NH_3-H_2O 系统的平衡常数 m 与温度 t 之间的关系

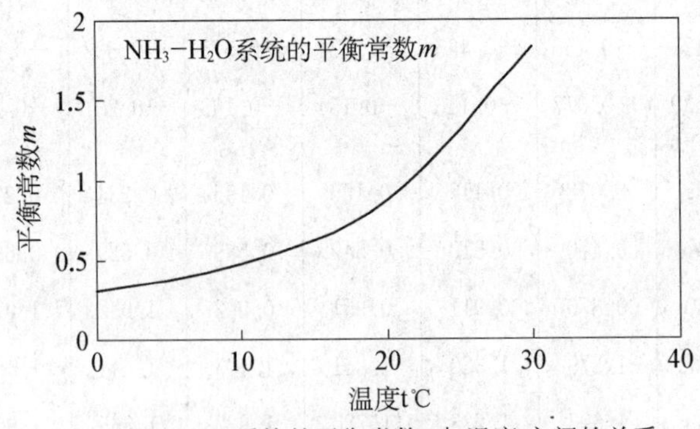

NH_3-H_2O系统的平衡常数m与温度t之间的关系

附录 3 转子流量计校正曲线

1. LZB 型空气转子流量计校正曲线(D=25 mm)

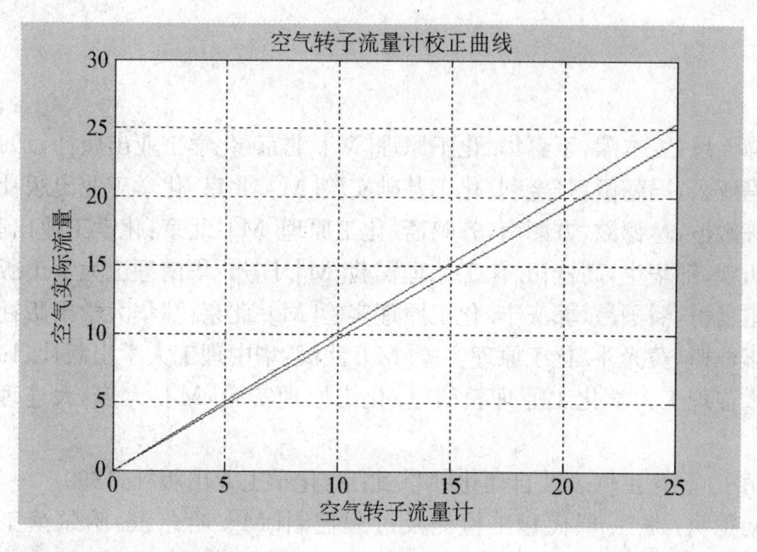

2. LZB 型氨气转子流量计校正曲线(D=6 mm)

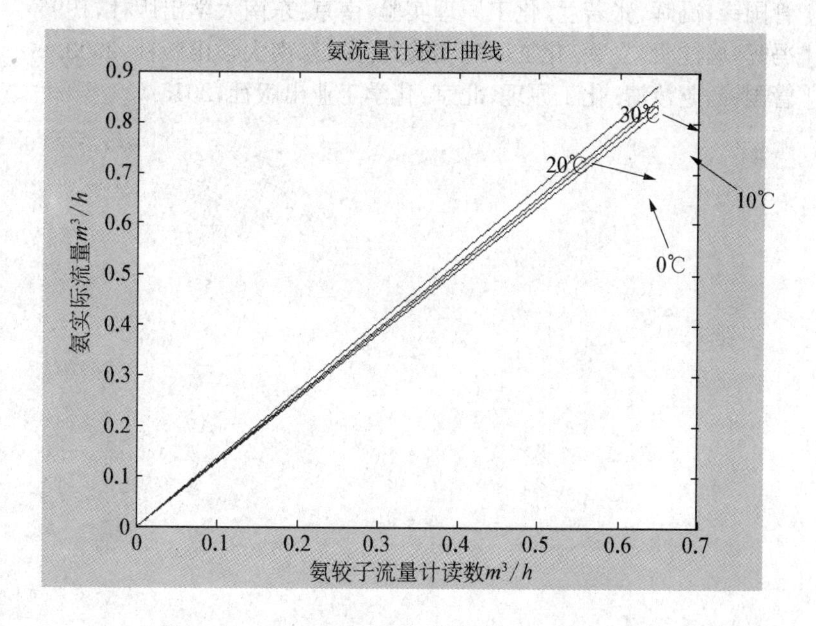

参考文献

[1] 谭天恩,麦本熙,丁惠华. 化工原理[M]. 北京:化学工业出版社,1998.
[2] 冯亚云,冯朝伍,张金利. 化工基础实验[M]. 北京:化学工业出版社,2000.
[3] 陈敏恒,丛德滋,方图南,齐鸣斋. 化工原理[M]. 北京:化学工业出版社,2000.
[4] 伍钦,邹华生,高桂田. 化工原理实验[M]. 广州:华南理工大学出版社,2001.
[5] 雷良恒,潘国昌,郭庆丰. 化工原理实验[M]. 北京:清华大学出版社,1994.
[6] 李德树,黄光斗. 化工原理实验[M]. 武汉:华中理工大学出版社,1997.
[7] 大连理工大学化工原理教研室. 化工原理实验[M]. 大连:大连理工大学出版社,1995.
[8] 厉玉鸣. 化工仪表及自动化[M]. 北京:化学工业出版社,1999.
[9] 向德明,姚杰. 现代化工检测及过程控制[M]. 哈尔滨:哈尔滨工程大学出版社,2002.
[10] 管国锋,冯晖,张若兰. 化工原理实验,南京:东南大学出版社,1996.
[11] 冯晖,居沈贵,夏毅. 化工原理实验,南京:东南大学出版社,2003.
[12] 管国锋,赵汝溥. 化工原理,北京:化学工业出版社,2015.